猫のほんねがわかる本

ねこほん

マンガ 卯山玉子 × 監修 今泉忠明

艮社

プロローグ

ごはんだよー
ニャーー!!
主人公 サクラ
フク
ムギ
……
あっ
フクがまたカキカキしてる
サッ
サッ
サッ
モリ モリ
モリ モリ モリ
これって「このフードまずい」って意味なのかな…
?
サクラの夫 ダイスケ
そういえばトイレのあともまわりの床をカキカキしてるけど、あれってなんでだろ？
ウンチは全然隠せていない
カシ
カシ
やってるね

猫も猫なりの理由があっていろんな行動をするのです
ガチャ
うわー誰!?
動物学者の今泉忠明です
今泉先生だ!
知ってるーー!!
はじめまして!
猫のほんねがわかれば、
愛猫のことをもっと理解できるようになりますよ
そうなんだー!
じゃあ…トイレのあとにダッシュしたり、
ドドドドドド
やたら肛門を見せたがるワケもわかりますか?
うん…
ジリ
ジリ
フクとムギのことがもっとわかるようになるって!よかったね～～♡♡
先生 これは嫌がってますね?
嫌がってます
チュ～

登場人物＆猫たち紹介

サクラ
猫大好きのアラサー。子どものころから猫を飼っていたが、成人してから飼うのはフク&ムギが初めて
フク（♀・2歳）
サクラの実家そばで拾われた猫。猫好きをトリコにするモフモフの三毛猫
ムギ（♂・1歳）
まだまだコドモのオス猫。フクのことが大好きだが、尻に敷かれている
ダイスケ
サクラの夫。猫を飼うのはこれが初めて。とくにメス猫のフクにメロメロ

ノボル
サクラの父。犬猫がよく
ひざの上に乗ってくる
コタロー（♂・3歳）
柴みたいな雑種犬。
猫たちと仲よし
ナツコ
サクラの母。猫が大好きで、
サクラが小さいころから
代々猫を飼ってきた
ヒゲオ（♂・6歳）
長毛のオス猫。
ロヒゲ模様
マロ（♀・6歳）
カギしっぽのメス猫。
マロ眉模様
サクラ実家の飼い猫。
近所で拾った
きょうだい猫
クロボス（♂・?歳）
サクラ実家近所の
野良猫でボス猫

もくじ

1章 猫には猫のりゆうがある

01 どうして猫は箱やカゴに入りたがるの？ 10
02 猫缶を開ける音を絶対に聴き逃さないのはなぜ？ 12
03 なんであんなに念入りに毛づくろいをするの？ 14
04 気持ちよくなでられていたのに突然ガブリ。なぜ… 16
05 ウンチのあとに興奮して走り回るのはどうして？ 18
06 トイレのフチに足をかけて排泄するのはなぜ？ 20
07 トイレのあと、砂のない場所をかいてるんだけど… 22
08 体を斜めにしてピョンピョン跳ぶのはいったい何!? 24
09 驚いたときに垂直にジャンプするのは？ 25
10 スリッパによく足や顔をつっこんでるけどおもしろいの？ 26
11 猫は肉食のはずなのに、猫草を食べたがるのはどうして？ 27
12 ミカンのにおいを嫌うのはなぜ？ 28
13 飼い主が変装したら猫は見分けられないの？ 30
14 猫は自分のことを人間と思ってるんじゃや？ 32
15 驚いたとき人を見るのはどんな気持ちなんだろう 34
16 猫が好きな音楽のジャンルはあるの？ 36
17 新しい猫ベッドより梱包用の段ボール箱に入りたがります 37
18 首の後ろをつかむとおとなしくなるって本当？ 38
19 散歩中、猫はいったいどんなことをしているの？ 40
20 失敗したときに毛づくろいするのはごまかしている？ 42
21 母猫の教育ってやっぱり大事なの？ 44
22 猫っていつ見ても寝ている気がする… 46
23 猫ってなんであんなに怠け者なの？ 48
24 水入りペットボトルは猫避けになるの？ 50
25 何もないのに何かを目で追うようなしぐさ。もしかして霊？ 52
26 なんであんなにちゃおちゅ～るが好きなの？ 53
27 キバをむいてシャーッと出す声の意味は？ 54
28 猫避けのトゲトゲの上でも平気で眠る猫がいるのはどうして？ 55

2章 かわいいのは生まれつき

29 横になっておなかを見せるのは降参ってこと？ 60
30 ふとんや人の体をモミモミするのはなぜ？ 62
31 人間は「ごはんをくれる都合のいい相手」…？ 64
32 子猫のきょうだいにも順位があるの？ 66
33 寝ているときに体をピクピクさせるのはどうして？ 68

34 土下座のような「ごめん寝」ポーズで眠る理由は？ …… 69
35 帰宅すると猫がかならず玄関に。私の帰りを玄関でずっと待ってる？ …… 70
36 首をかしげるしぐさをするけど何か考えてるの？ …… 71
37 猫は飼い主の声を聴き分けられる？ …… 72
38 腰をたたくと怖いくらい喜ぶんだけど… …… 73
39 ゴロゴロいわれるとつい甘やかしてしまう …… 74
40 猫の癒やし効果で寿命がのびるって本当!? …… 76
41 飼い主がつい猫優先で行動しちゃうのはなんで？ …… 78
42 オスは女性、メスは男性のほうが好きなの？ …… 80
43 猫の動画を見続けちゃうのはどうして？ …… 82
44 つれない猫の態度…。なのに嫌いになれないのはなぜ？ …… 84
45 猫への愛がつのりすぎて怖いです …… 85

3章 猫どうしはちょっとフクザツ

46 どうしておしりを嗅ぎたがるの？ …… 88
47 ウンチを隠そうともしないのはズボラだから？ …… 90
48 相手の頭に頭突きするのは攻撃なの？ …… 92
49 優しくなめていた相手に急に咬みつくのはなぜ？ …… 94
50 同居猫の上に乗っかって寝ています …… 96
51 猫のあいだでクセが伝播している気がする… …… 98
52 隠しておいたものを見つけ出すのは超能力？ …… 100
53 ケンカをしてもとどめを刺さない理由は？ …… 102
54 猫の集会は何のため？ …… 104
55 猫にも「同居猫ロス」ってあるの？ …… 106
56 猫の世界にもいじめはあるの？ …… 108
57 猫の世界にもボーイズラブはあるの？ …… 110
58 ボス猫なのに食事を譲るのは器が大きいから？ …… 112
59 猫の恋はメスのハーレム状態なの？ …… 114

4章 嫌がらせしたいわけじゃない

60 掃除したばかりの猫砂にオシッコ！ …… 120
61 トイレ以外で排泄するのは何かの抗議行動？ …… 122
62 なんでわざわざふとんにオシッコするの？ …… 124
63 トイレ環境は完璧なのにそそうが治らない… …… 126
64 獲物を持って帰るのは飼い主へのお礼？ …… 128
65 爪とぎ器があるのに家具で爪をとぐのはなぜ？ …… 130
66 爪切りしたら嫌われた！ お世話係は損ですね …… 132
67 肛門を見せてくるのはどういう心理？ …… 134
68 助けてあげたのに怒られた… …… 136

69 大きいほうの食べ物を選ぶ気がするけど？……138
70 朝ごはんの要求。一度でも応えたらクセになる？……140
71 ごはんに砂かけするのは気に入らないから？……142
72 口をポカーンと開けるのはくさくて呆然としてるの？……144
73 立ったまま後ろに飛ばすあのオシッコは何？……146
74 猫アレルギーって治ることもあるの？……148
75 猫のウンチはなぜ乾燥しているの？……150
76 遊びに全然ノッてこないときがあります……152
77 取り込んだ洗濯物に乗って毛だらけにするのはなぜ？……153
78 新聞や雑誌を広げると上に乗ってじゃまするのはどうして？……154
79 私がなでた場所をあとから舌でなめてるけど、なでられたくなかったの？……155
80 夜中に運動会をするのはなぜ？……156
81 吐くものを紙で受け止めたいのになんで逃げるの？……157

5章 猫ってだけでひとくくりにしないで

82 人懐こい猫とビビリな猫。性格はどうやって決まる？……160
83 猫にも利き手ってあるの？……162
84 いつまでもママにベッタリのマザコン猫はいる？……164
85 三毛猫はツンデレで気が強いってほんと？……166
86 茶トラってみんなデカくない？……168
87 黒猫が好きです。黒猫特有の性格はある？……170
88 ヒゲ模様やマロ眉模様。ふしぎな柄はどうできる？……172
89 猫のカギしっぽはどうしてできるの？……174
90 ボス猫の顔がデカいのはなぜ？……176
91 血統書つきの猫ってプライドが高い…？……178
92 白猫はビビリな子が多いって本当？……179
93 長毛猫はみんなおっとりした性格なの？……180
94 中年のおじさん猫なのに、高くてかわいい声なのは？……181
95 長距離を歩いて帰宅する猫。猫に帰巣本能はある？……182
96 犬と猫って仲よくできるの？……183
97 鳥やハムスターと仲よくできる猫がいるのはなぜ？……184
98 デブ猫はダイエットしなきゃダメ？……186
99 2匹目を迎えると咬みグセがなくなるって本当？……188
100 野性的な凶暴猫も甘えん坊になれる？……190

◎やってみよう！
猫の野性度チェック……56
猫とのラブラブ度チェック……116

◎フムフム課外授業
猫好き人間の特徴って？……86
猫が「気分屋」なワケ……158

たまにモノがひっかかる

1章

猫には猫のりゆうがある

01 どうして猫は箱やカゴに入りたがるの？

ちょっと目を離したすきに

また入り込んでる

んも

入ってますよ!!

こんなとこにも

洗濯もの入れ↓

入ってます

いってきまー…

ズッシ

入ってるわよ

どかないぞっ!!

遅刻する

ねこのほんね

野生時代に木のウロや岩穴なんかで寝ていたから。箱に入っているとストレスも減るんだ！

野生時代、猫は木のウロや岩穴などのせまくて薄暗い場所を寝場所や隠れ場所にしていました。**眠るときは無防備になるため、敵から見つかりにくい場所であることが必要**だからです。また、そういった場所は一か所でなくなわばり内にたくさんあったほうが好都合。敵に遭遇しそうなときやひと休みしたいとき、近くの隠れ場所に身をひそめられるからです。

現代の猫が箱やカゴを見つけると入らずにいられないのもこの習性のなごり。とりあえず・・・入り心地を試してみて、気に入ったら自分の寝床として認定します。とくに体にぴったり密着する、ギリギリサイズの箱やカゴを好む傾向にあるようです。

この「自分の身が隠せるせまい場所」の存在は猫にとってこちらの思う以上に重要なようで、動物病院や保護施設などの**慣れない場所に連れてこられた猫に、箱などの隠れ場所を与えるとストレスが軽減される**ことがイギリスやオランダの調査でわかっています。

02 猫缶を開ける音を絶対に聴き逃さないのはなぜ？

料理中
パカッ
ごはんですね!?
いまさっきまで寝てたよね!?
ごめんね これ猫缶じゃないの
ほら
くんくん くんくん くんくん くんくん くんくん くんくん
……
……
結局猫缶あげた
ちょっとだけだからね！
パキッ
CAT

猫は人よりはるかに聴覚が優れています。キャッチできる音域の広さ、音程の聴き分け、音の出所の判別など、いずれも人はもちろん犬もかなわないレベル。**猫が夜間、視界の悪いなかで狩りができるのはこの優れた聴覚のおかげ**です。ですから猫缶の開封音なんていう猫にとって重要な音を、聴き逃すはずがありません。

獲物の姿が見えなくても、音がすることで「いる」と認識できるということは、難しく言えば**音による物理法則を理解している**ということ。これを立証した京都大学の実験があります。球を入れた箱をふって音を出し、その後ひっくり返して球を出す場合と、ひっくり返しても仕掛けによって球が出ない場合を作ります。すると、球が出ないときは猫が対象を見つめる時間が長くなりました。つまり、「球が出てくるはずなのに？」とふしぎに思って考えていたのだと推測できるのです。

また、ふっても音がしないのに球が出てきたときも、同じようにじっと見つめていたそうです。

ねこのほんね

猫の聴覚は、人も犬もかなわないくらい優秀。おいしいものの音を聴き逃すはずないよ！

カサッ

03 なんであんなに念入りに毛づくろいをするの？

ポ ポ ポ ポ ポ ポ ポ

サ サ サ サ サ サ

カキ カキ カキ カキ

メイク完了

なんだか…

私より フクちゃんのほうが 身だしなみ念入りね

見習わねば

猫は起きている時間の1/3～1/2を毛づくろいに費やすそうです。服を着せるなどして毛づくろいを制限された猫は、解放後にまるで失った時間を取り戻すかのようにさらに毛づくろいの時間を増やします。それだけ猫にとって毛づくろいは重要なのです。

例えばノミがいる環境で毛づくろいできなくすると、猫に寄生するノミが2倍に増えるといいます。寄生虫は皮膚炎や感染症の原因になるため命に関わる問題です。また、猫は身をひそめて獲物を狙う動物。獲物に気づかれるような体臭がしていては狩りが成功しません。狩りができない猫は食べ物が得られず、生きていくことができません。**人間の身だしなみはマナーの問題ですが、猫の毛づくろいは生き物としての死活問題なので、念入りになるのは当然**なのです。

もちろん飼い猫には狩りの必要はありませんが、長い歴史のなかでつちかった習性はそうそう廃れないということなのでしょう。

ねこの
ほんね

毛づくろいできないと病気になったり、狩りに失敗したり…。念入りになるのは当然だよ

04 気持ちよくなでられていたのに突然ガブリ。なぜ…

なで なで なで なで なで

ゴロ…

ゴロ…

俺もなでたい

ガッブァ

痛

の、のどの下なでてみたら?

うん…

けり けり けり けり けり けり

なんで!!

気持ちよさそうになでられていた猫が突然咬みついてきたり、ケリケリしてきたりすることがありますね。もしや最初から罠……なのではなく、これは「愛撫誘発性攻撃」。**原因は猫の我慢の限界を超えた**こと。最初はなでられて気持ちよくても、時間が長すぎると猫はイライラしてきます。耳が横を向いたり、しっぽがパタパタ動きはじめるのがその兆候。このようなしぐさが表れてもなでるのをやめないとガブリとやられます。

同じことは猫どうしでも見られます。仲のいい猫どうしは親愛の印として相手をなめますが、空気が読めない猫は長時間なめ続けてしまい、相手に「いい加減にしてよ！」と攻撃されます。**親愛の毛づくろいも数秒で終わるのがマナーなのです。人が猫をなでるときもこれに準じるべき**でしょう。

力加減やさわる場所も大切。のどの下も猫が喜ぶ場所ではありますが、最も嫌がられないのは目と耳の間というデータがあります。猫に慣れていない人はまずはここからチャレンジを。

ねこのほんね

長時間なでられるとイライラしてきちゃう。さわる場所や力加減がよくないときも同じだよ

なってないわ!!

05 ウンチのあとに興奮して走り回るのはどうして？

ねこのほんね

通称「トイレハイ」。野生時代、排泄は危険をともなう行為だったからいまでもダッシュで逃げちゃう

野生の猫のなわばりの中心は、寝場所がある ホームテリトリー。そこでは猫は排泄を行いません。最も重要なホームテリトリーは敵に知られたくないため、においを残したくないのです。ホームテリトリーの外側には狩りなどを行うハンティングエリアがあり、排泄はここで行う決まりでした。

しかし外側は敵に見つかってしまう恐れが高い場所。とくに排泄中は無防備になって危険です。でも当然のことながら排泄しないわけにはいきません。そこで、**排泄が終わったら一目散にその場を立ち去っていた**……というのがトイレハイの起源といわれています。排泄が終わった↓ダッシュ！と体に刻み込まれているのですね。

とくに**ウンチのあとにハイになることが多いのは、排尿より排便のほうが余計に時間がかかるせい**でしょう。便秘気味でトイレタイムが長かったときは、ウンチハイもさらに激しくなりそうです。

06 トイレのフチに足をかけて排泄するのはなぜ？

考えられる原因はいくつかあります。

ひとつは「トイレが小さすぎる」。しゃがんだときにおしりがフチに当たってしまうため、しかたなく足を出して調整しているのかもしれません。2つ目は「砂が気に入らない」。足裏につく砂の感触が気に入らず、なるべく足をつけたくないのかも。3つ目は「まわりが見渡せる姿勢を保ちたい」。落ち着かない場所では異変に気づきやすいよう、高い位置に頭をキープしておきたいもの。心落ち着かない場所にトイレがあるのかもしれません。

野生では広々とした場所で本物の土や砂の上に排泄していた猫ですから、**トイレは大きな容器に本物の砂に近い細かい砂が入っているのが理想。**小さなトイレでは排尿を我慢したり、排泄のそそうが多くなることがわかっています。またシステムトイレ用の大きめの砂もやはりあまり使いたがらず、排泄を我慢しがちになるため膀胱炎になりやすいというデータも。病気にならないためにも快適なトイレ環境を整えたいですね。

ねこのほんね

単に「排泄しやすい姿勢」のこともあるけど、もしかしたらトイレが気に入らないサインかもよ

すっ…

2本脚で立ってする猫もいるらしい

07 トイレのあと、砂のない場所をかいてるんだけど…

プリプリ
プリプリ
プリ
プリ
ザッ
ザッ
ザッ
ザッ
カッ
カッ
カッ
カッカッ
カッ
カッ
そこカベだよ…
全然隠せてないな
別の日
保険の書類めんどくさ〜
くんくんくんくん
コーヒー
くさっ
Coffee
バサー
埋めとこ
埋めとこ
埋まってない
ああああ…

ねこのほんね

野生時代はそこらじゅう土や砂だったから、適当にカキカキすれば排泄物を隠せたんだよ

「猫は排泄物を隠す動物」といわれていますが、実際はトイレのあと、見当ちがいのところをかいている猫が多いようです。肝心のウンチが全然隠せていないのに、ある程度カキカキしたら満足して立ち去る猫……。本来の目的を果たせていないのにふしぎだと思っている人も多いのではないでしょうか。

しかし、**猫の長い歴史のなかで「トイレ容器の小さい砂場で排泄する環境」になったのはごく最近。**それまでは自然のなかで排泄していたのですから、適当にカキカキすれば土や砂で排泄物を隠すことができたのです。現代の飼い猫は「こんなにかいてるのに、なんでまだにおうんだろう？」とふしぎに思っているかもしれません。

また、排泄物に限らず、くさいと思ったものには砂かけ行動をします。マンガでは書類の紙を前足でかいていますが、何もない場所でも同じしぐさをします。**くさいと思ったら場所を選ばずとにかく砂かきするのが猫**なのです。

08 体を斜めにしてピョンピョン跳ぶのはいったい何⁉

驚いた猫が見せる威嚇の一種ですが、ぎこちない動きになるのは**攻撃するか逃げるか葛藤しているから**。前足は逃げようとしているのに後ろ足は前に進もうとするので、結果的にピョンピョン跳んだり斜め走りするような動きになってしまうのです。

ねこのほんね

攻撃するべきか逃げるべきか迷っていておかしな動きになっちゃう!

09 驚いたときに垂直にジャンプするのは？

正体がわからない大きな音に驚くと、猫は垂直にジャンプします。**とりあえずその場からいなくなれば、危険を避けられるかもしれないから**です。ほとんどしゃがみこむこともなく高く跳べるのは、瞬発力が高い猫ならではです。

ねこのほんね

見知らぬ危険を避けられるかもしれないという本能なんだ

10 スリッパによく足や顔をつっこんでるけどおもしろいの？

猫はすっぽり体がはまる場所も好きですが、**体が入らない小さな穴も大好き。獲物の巣穴を想起させるから**です。スリッパの前部分はちょうど穴のようになっているので、頭や足をつっこむ猫もいます。飼い主さんのにおいがついているのもポイントでしょう。

ねこのほんね

穴のような場所には本能的に惹かれるんだ

11 猫は肉食のはずなのに、猫草を食べたがるのはどうして？

野生の猫は草を食べることで、胃腸に残る獲物の毛や羽毛などの異物を吐き出したり排泄しやすくしたりしていると考えられています。**いわば猫にとっての整腸剤**です。草を食いちぎる感触が獲物の毛をむしる感触に近いので夢中になるのだという説もあります。

ねこのほんね

消化できない異物を吐き出したり、排泄しやすくするためだよ

12 ミカンのにおいを嫌うのはなぜ？

柑橘類は猫が苦手なにおいのひとつ。猫の忌避剤にも使われているほどです。その理由は、**猫にとって酸っぱいにおいは腐った肉のにおいだから**。腐った肉を食べてしまうと命に関わります。絶対に避けるべきにおいなのです。猫の味覚は人間より鈍く、砂糖などの甘味などは感じないといわれますが、腐った肉などが出す酸味や苦味には敏感で、感じるとすぐ吐き出します。

また、**柑橘類の皮に含まれるリモネンという成分は猫にとっては有害**で、嘔吐や皮膚かぶれの原因にもなります。少量なら問題ありませんが、やはり不快な刺激なのでしょう。みかんの皮をむくと空気中に拡散したにおいが瞳を刺激するせいか、目を細める猫もいます。

このように苦手なはずの柑橘類ですが、なぜだかまったく気にしない猫もいます。なかにはミカンを好んで食べる猫までいるといいます。子猫のころに猫風邪をひくなどして嗅覚が鈍くなった猫なのかもしれません。

ねこのほんね

酸っぱいにおいは腐った食べ物のにおいに感じるから嫌い。柑橘類の成分は猫に有害だしね

13 飼い主が変装したら猫は見分けられないの？

じつは猫は視力があまりよくありません。視界の解像度は人間の1/10ほどで、細かいちがいは見分けられません。それでは**どうやって相手を見分けるかというと、主にシルエット**です。ですから頭が極端に大きくなるカツラなどをつけると「誰!?」ということになるのです。優れた聴覚や嗅覚があるのに声や体臭で見分けられないの？　という疑問をもつかもしれませんが、視覚で不審者と判断したらほかの感覚を動員する余裕はなくなるのでしょう。

そもそも猫は人の顔の詳細を覚えられないという説もあります。6か月間いっしょに過ごしたトレーナーの顔を写真で見分けられるかどうかの実験をしたところ、**88%の犬がトレーナーを見分けられたのに対し、猫はわずか54%。半数しか見分けられなかった**のです。実物でなく写真だったせいでは？　と思うかもしれませんが、同居猫の顔については写真でも90%の確率で見分けられたそう。猫にとっては人より同居猫のほうが重要ということでしょうか……。

ねこのほんね

猫が相手を見分けるときに重要なのはシルエット。シルエットが大きく変わったら無理！

14 猫は自分のことを人間と思ってるんじや？

犬は相手が犬のときと、人間のときで遊び方や接し方が異なることがわかっています。このことから、犬は人を「自分たちとは異なる存在」と認識しているといわれます。しかし猫の場合、相手が猫でも人間でも同じ接し方をします。人に体をこすりつけたり、なでられたお返しに手をなめてきたり、それらはすべて猫に対する接し方と同じ。

つまり、**猫は人間と猫を区別しておらず、人間のことを「大きな猫」と思っている**らしいのです。さらに、**人のことを高いジャンプができず動きもトロい「ダメな猫」と思っている**という説も……。猫が獲物のおみやげを飼い主の元に持ってくるのは、「狩りができないダメな猫に狩りを教えてやろう」という気持ちだとか。小さな猫に世話を焼かれていたとは意外です。

ちなみに、猫がまるで人間のように脚を広げてだらしなく座るのは、警戒心がまったくない飼い猫ならではのしぐさ。いまの生活に安心しきっている証拠です。

ねこのほんね

猫は猫、人間は人間という区別がそもそもないみたい。猫の世界ではみんな同じなんだ！

すっく

立った…!?

15 驚いたとき人を見るのはどんな気持ちなんだろう

驚くものを見たとき、親しい人どうしで顔を見合わせることがありますが、猫も同じようなことをすることがわかりました。2015年に発表されたイタリアの実験です。「緑色のリボンをくくりつけた扇風機」という奇妙なものがある部屋に猫と飼い主を入れます。すると約80％の猫が「扇風機と飼い主を交互に見る」というリアクションをしたのです。「えー？　何コレ？」と飼い主に問うような気持ちでしょうか。

さらに実験では、飼い主の半分は扇風機に対して楽しげな反応を、残りの半分は恐怖におののく反応をするように指示しました。すると、楽しげな反応をした飼い主の猫より、恐怖の反応をした飼い主の猫のほうが何度も扇風機と飼い主をチラチラ見たり、逃げ出したいという感じで出口を見ることが多かったそう。つまり、**「飼い主が怖がっているから、これはヤバイもの」と感じた**ということでしょう。ふしぎなものに出会ったときは、飼い主の反応を頼りにしているのですね。

ねこのほんね

見知らぬものに出会ったときは飼い主さんの反応も見て危険かどうか判断するんだ

じっ…

16 猫が好きな音楽のジャンルはあるの？

猫の音楽の好き嫌いはわかりませんが、ある実験では、**手術中の猫に静かなクラシックを聴かせると呼吸数が減るなどリラックス反応があった**そう。逆にヘビーメタルは緊張・興奮の反応が見られたとか。落ち着かせたいときはクラシックですね。

ねこのほんね

クラシック音楽は落ち着くけどヘビメタは緊張しちゃう！

17 新しい猫ベッドより梱包用の段ボール箱に入りたがります

猫が箱を好む理由はP.11でお伝えしましたが、ではなぜ猫ベッドより段ボール箱なのかといえば、**素材が紙で植物を原材料にしているから**かも。つまり野生時代からなじみのあるものということ。噛みちぎることができる楽しさなどもあるのでしょう。

ねこのほんね

木材や草を原材料にしてる段ボールのほうに魅力を感じるんだ

18 首の後ろをつかむとおとなしくなるって本当？

サクラの実家
ただいまー
バナナサブレ
おかえりー
早かったね
MAMA
サクラの母 ナツコ
ジュースでも飲んでなさい
はーい
ぴょん
こらっ
むんず
火のそばは危ないって何回も言ってるやろ
しゅーん
変わらないなー
母さんもマロも…
チュー
カフェオレ

母猫は子猫を移動させるとき首の後ろをくわえますが、このとき子猫が暴れてしまうと母猫の口から落ちて命の危険があります。そのため猫には「首の後ろをつかまれるとおとなしくなる」という習性があります。2013年に発表された研究データによると、**首の後ろをつかまれた猫には心拍数の低下などの鎮静反応も見られた**そう。子猫に限らず成猫にもこの習性はあるため、おとなしくさせたいときは首の後ろをつかむと効果的です。マッサージの一環として首の後ろを伸ばすのもおすすめ。ただし首の後ろをつかんで持ち上げるのは、体重の軽い子猫でないと苦しいのでやめましょう。

獣医療の現場でもこの習性を利用し、**専用のクリップで猫の首の後ろをはさんでおとなしくさせ、診察しやすくしている**ところもあります。なかには前足でもむしぐさ（P.62）やゴロゴロとのどを鳴らすなどの赤ちゃん返りの行動を見せる猫もいるそうです。

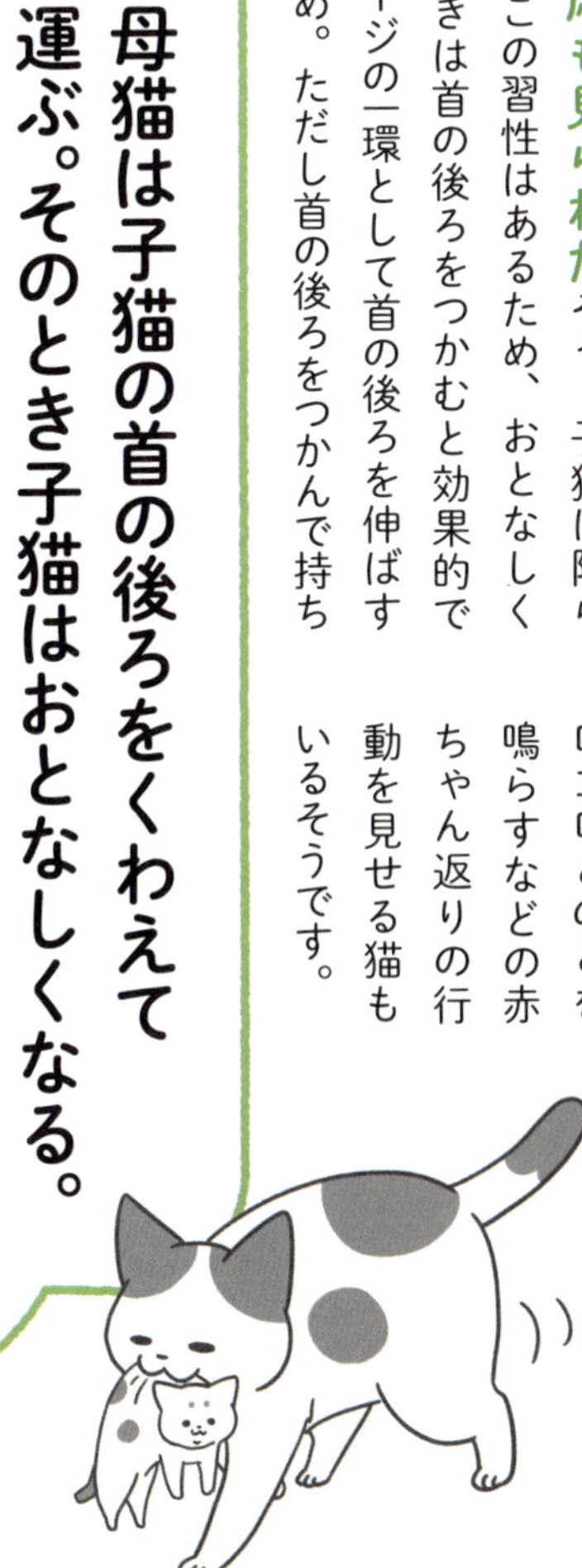

19 散歩中、猫はいったいどんなことをしているの？

ニャー
ヒゲオ 帰ってきた
はい おかえりー
…あんた その魚 どこから…？
サクラちょっと 足ふいてあげてー
わかったー
足 真っ黒
毛にもいろいろ くっつけて…
葉っぱに 鳥の羽根に
ん？
カナブンまで つけてる
外で何して 遊んでんの？

ねこのほんね

ほかの猫とケンカしたり昆虫を食べたり、走る自動車とニアミスしたり…けっこう危険!

飼い猫を屋外に出している人は、散歩中の猫が何をしているか知りたいと思ったことがあるでしょう。これを調べるため、飼い猫にGPSや画像記録装置をつけて調べたニュージーランドの記録があります。全37匹、計180時間の記録を調べたところ、ほかの猫とケンカする、昆虫や爬虫類を食べる、汚水を飲むなどの行為が計447回見られ、うち道路の横断は132回見られました。

とくに田舎ではまだ猫の放し飼いが多いですが、イギリスで行われた調査では**都会より田舎の猫のほうが2.7倍交通事故に遭いやすい**というデータがあります。交通量が少ない田舎は交通事故のリスクも低いように思えますが、じつは交通量が少ないぶんスピードを出す車が多く事故に遭いやすいのです。

また事故の半数は自宅のすぐそばで起きており、近所しか散歩しない猫でもけっしてリスクが低くないことがわかります。愛猫の安全のためには、田舎でも室内飼いがおすすめです。

20 失敗したときに毛づくろいするのはごまかしている？

人間は困ったときにポリポリと頭をかいたり、会議中にペンをくるくる回したりします。これは**一見、まったく関係のない行動をすることで自分を落ち着かせようとするもので、転位(てんい)行動と呼ばれます。**

猫が何かに失敗したときに自分の体をなめるのもこれと同じ。あくびをする、鼻の頭をペロッとなめるのも同じく転位行動ですが、とくに毛づくろいは気持ちを落ち着かせる効果が高く、常時ひどいストレスを感じている猫は毛づくろいをしすぎてハゲを作ってしまうこともあります。

ちなみに、猫が飛翔能力のある鳥を捕まえられることは少ないようです。屋外にいた猫500匹の胃の内容物を調べたところ、74%がネズミなどの小型げっ歯類で、鳥やその他の動物は4%以下だったというデータがあります。**やはり猫が得意なのはげっ歯類の狩り**なのです。いずれにしろ、不必要な殺生を行わせないためにも、やはり室内飼いするのが一番です。

ねこのほんね

失敗したストレスを毛づくろいでまぎらわせようとしているんだ。毛づくろいすると落ち着くからね

21 母猫の教育ってやっぱり大事なの？

レバーを押すと食べ物が出てくる装置を使った実験があります。まず母猫に装置の使い方を学習させ、母猫が食べ物を得ているところを子猫に見学させます。すると子猫は平均4～5日で装置の使い方をマスターしました。

いっぽう、仲はよいけれど母親ではないメス猫が装置を使っているところを子猫に見学させると、子猫がマスターするのにかかったのは平均18日。また、見学の機会を与えられなかった子猫は、ついにやり方をマスターできませんでした。**子猫にとっては誰よりも母親が最適な教育者である**ことがわかります。

野生では、子猫は生後半年ほどで独り立ちします。この短い期間で子猫は生きるために必要なすべてのことを学ばなければなりません。このため**母猫の行動を見逃すまいとする集中力が子猫には備わっている**のでしょう。母猫に狩りを教わらなかった猫は狩りができません。動く獲物を本能的に追いかけたり前足でちょっかいを出すことはあっても、咬みついて一撃で仕留めるという本来の狩りはできないのです。

ねこのほんね

食べるものも、なわばりの守り方も、猫どうしのつき合い方も、必要なことはみんなママから学ぶんだ！

22 猫っていつ見ても寝ている気がする…

ねこの
ほんね

1日のうち12時間は眠っていて、起きてても5時間はぼーっとしたり。活動するのは7時間くらいかな

猫の語源は「寝る子」ともいわれるように、猫は1日の大半を眠って過ごします。1日の半分、12時間くらいは眠っているというのが定説なのですが、起きていてもぼーっとしていたり、毛づくろいをしていたりして、「一か所から動かない」時間が長いことがわかってきました。

フランスのペットフードメーカーが2017年に発表した調査結果によると、**室内飼いの猫は1日の7割（約17時間）移動しなかった**とか。歩く、走る、遊ぶなどの活動時間は約7時間しかなく、思った以上に猫は省エネのようです。

また、ある地域の野良猫の移動距離を調べたデータでは、**1日の平均移動距離はオスで65m、メスや去勢済のオスにいたってはたったの30～35mほどだった**とか。猫のなわばりは食糧が多い地域だとせまくなるという特徴があります。人にエサをもらう野良猫はごくせまいなわばりしか必要なく、活動量も少ないのでしょう。室内飼いの猫の活動量も推して知るべし、です。

23 猫ってなんであんなに怠け者なの？

ニャアー
おやつー
おやつ
食べるぅぅぅ
ニャアアアアア

ちょっとだよ
ひゃっほう
猫オヤツ

フクにもあげないと
スネちゃうかな
ぐー
ボリ ボリ

フク
おやつ食べる？

食べる

ポロ…

食べさせてー
みぃぃぃぃぃん
せめて
起きなさいよ

人間には、「対価を支払って得たもののほうが価値がある」という心理があります。「コントラフリーローディング効果」といわれるもので、同じ品物でも人からタダでもらった場合と、自分でお金を貯めて買った場合とでは、後者のほうが価値を感じるのだそうです。

そしてこの心理は人間以外の動物にもあることが実験でわかっています。まず動物にレバーを引くと食べ物が出てくることを教えます。するとたとえすでに食べ物が与えられていても、レバーを引いて得た食べ物のほうを好むのです。犬、チンパンジー、ネズミ、鳥、魚など多くの動物でこの現象が見られました。

しかし、**猫だけはレバーを引かずに与えられたものを食べた**のです。「そこにごはんがあるのに、なんでわざわざ労働しなくちゃならないの？」というわけです。

この研究結果は『猫の怠惰』というタイトルの論文で発表されています。言い換えると**猫は究極の合理主義者なのかも**しれません。

ねこのほんね

必要のない労働はしないのが猫の美学。怠け者じゃなく、合理主義者といってほしいな

24 水入りペットボトルは猫避けになるの？

ずらっ

くんくん
くんくん

……

プショーー

ペットボトル
全然効いてませんよ…！

野良猫の糞尿などの被害を減らすために、家のまわりに水を入れたペットボトルを並べる習慣が全国で見られます。しかし**これは都市伝説。猫避けの効果はありません。**実験でも「効果なし」という結果が出ています。

驚くことにこの都市伝説の発祥は海を越えたアメリカで、1989年にアメリカで発売された本に都市伝説として紹介されていたそう。その後イギリスやオーストリアなど各国にこの都市伝説は広がり続け、日本でもなぜかいまだに信じ続けられています。

鳥避けとして光を反射するCDを吊るす人がいるので、同じく光を反射する水入りペットボトルも信憑性があると思われたのでしょうか？　野鳥も猫も見慣れないものは警戒しますが、怖がるのは最初だけ。3日も経てばあっさりと見慣れます。CDも水入りペットボトルも効果はないのです。それどころか、**水入りペットボトルが虫眼鏡のレンズのような働きで日光を集め、火災を起こした例もある**ので要注意です。

ねこのほんね

全然怖くないよ！　猫が水入りペットボトルを怖がるなんて誰が言ったんだろうね？

効かぬ…!!

25 何もないのに何かを目で追うようなしぐさ。もしかして霊？

猫の聴覚は鋭く、人が聴こえない音域（超音波）もキャッチします。さらに**音の出所を正確に特定し、まるで見えるかのように音を追う**のも特徴。どんなに耳のいい人でも音の出所の特定には4.2度ほどのずれが出ますが、猫のずれは0.5度。ほぼ正確なのです。

ねこのほんね

人間には聴こえない音を追っているんだ

26 なんであんなにちゃおちゅ〜るが好きなの？

猫が最も好む食感は「トロッとした濃厚な液体」だそうです。これを実現したおやつ「ちゃおちゅ〜る」が好まれるのは当然。猫は口をつける前に鼻でおいしさをはかるので、においも魅力的なんでしょう。ちなみに猫が最も好む食べ物の温度は37℃前後だそうです。

ねこのほんね

猫が好きなトロッとした食感だから！おいしそうなにおいもするし

27 キバをむいてシャーッと出す声の意味は？

猫の鳴き声は大きく分けて2つ。**相手を誘う友好的な声と相手を遠ざける威嚇の声で、「シャーッ」は後者の一種。** 威嚇にも強気の威嚇と弱気の威嚇があり、弱気のときは耳が寝ていたり腰が引けていたりします。

ねこのほんね

怖いときに相手を威嚇して遠ざけようとする声だよ

28 猫避けのトゲトゲの上でも平気で眠る猫がいるのはどうして？

柔軟性のある猫は凹凸のある場所の上でも難なく収まります。猫がいろいろな形の容器に合わせて体を変化させることから、とあるフランスの研究者は**「猫は固体かつ液体である」という論文を発表**したほど。イグ・ノーベル物理学賞を受賞しています。

ねこのほんね

ソフトなトゲだからたいして痛くないし、猫の体は柔らかいからね

やってみよう!

猫の野性度チェック

野性的でミステリアスなのも、あけっぴろげでキュートなのも
猫の魅力。あなたの猫は、どちらかというとどっち派?

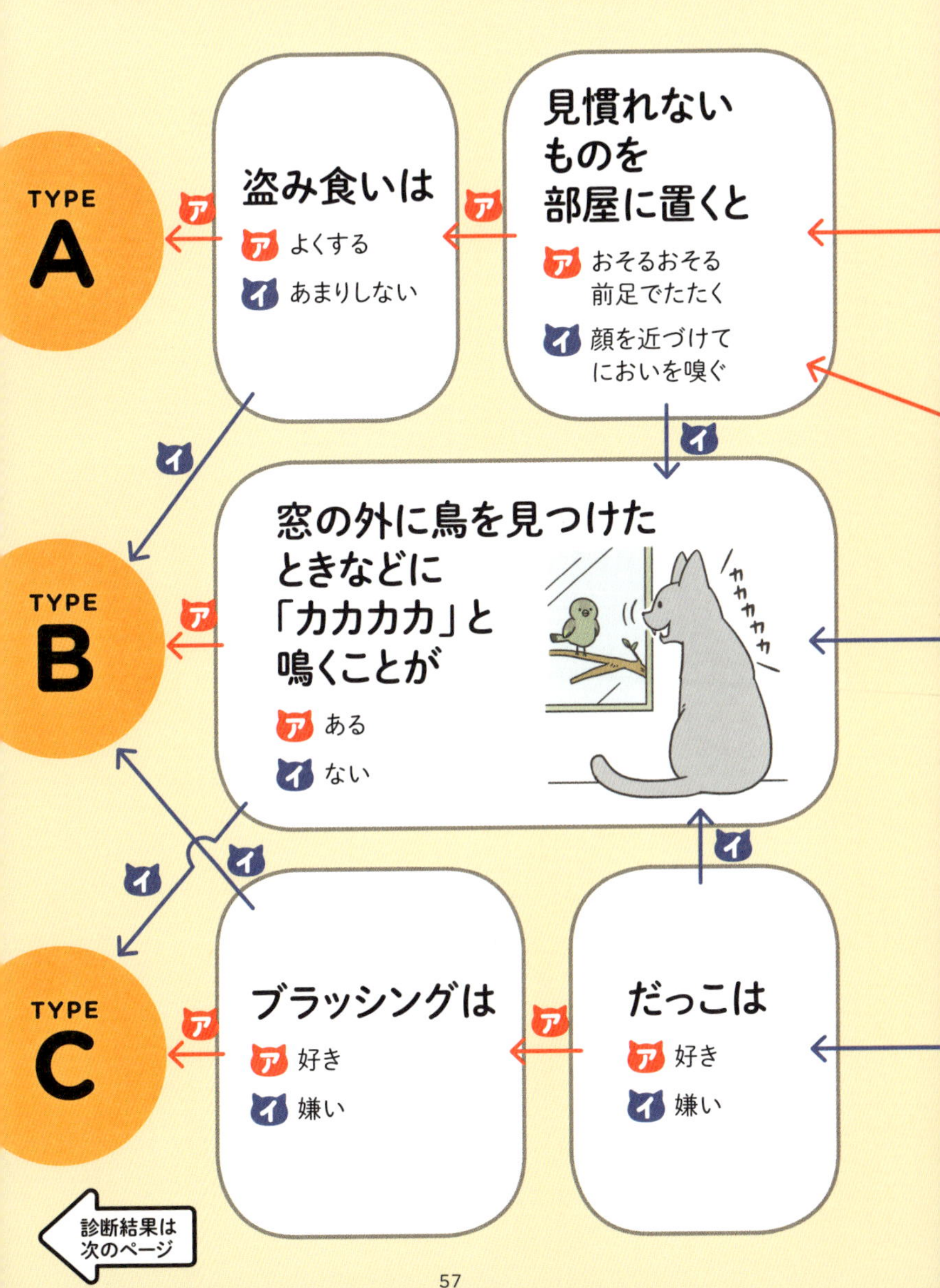

（ 野性度チェック 診断結果 ）

野性度
80%

ハンターの血が騒ぐワイルドキャット

TYPE A

猫本来の野性味をたっぷりもちあわせたあなたの猫。狩りの本能を満足させるため、猫じゃらしなどで毎日十分に遊ばせてあげて。でないと、あなた自身に飛びついてくるかも!?

野性度
50%

豹変する二面性タイプ

TYPE B

おっとりしているかと思えば突然スイッチが入り、驚くような野性味を見せるあなたの猫。甘えん坊な顔と野性的な顔、両方を楽しめるのは現代の飼い猫ならではです。

野性度
20%

箱入り娘（息子）タイプ

TYPE C

あなたの猫は野性をどこかへ置き忘れてきた典型的な箱入り娘（息子）タイプ。苦労知らずのまま生きていくのが幸せです。屋外では生きていけそうにないため脱走には気をつけて。

2章

かわいいのは生まれつき

29 横になっておなかを見せるのは降参ってこと？

ねこの
ほんね

ケンカになりそうなときにあお向けになるのは反撃の姿勢。脚やキバで闘おうとしてるんだ

弱点であるおなかを見せるのは服従のサイン、というのは犬の場合。猫の場合は服従の意味はなく、おなかを見せた状況によって意味がちがってきます。例えば猫どうしのケンカでは、不利なほうの猫はあお向けになって相手を迎え撃ちます。**あお向けの姿勢はおなかをさらすというデメリットはあるものの、4本の脚で引っかいたりキックできるという大きなメリットがある**からです。

このときの猫は相手から視線を離さず、まず頭を下につけ、そこから徐々に体を横たえてひねるようにあお向けになるのが特徴。「猫を叱ろうとしている飼い主さん」は猫にとっては威嚇する敵に映りますから、反撃の姿勢で迎え撃とうとしたのです。服従とは真逆ですね。

また、この姿勢をしたときに飼い主さんがかわいいと思って叱るのをやめると、猫はそれをちゃっかり覚えて「叱られそうになったらこのポーズ」とくり返すことも。「飼い主さんは反撃されそうになるとケンカをやめるチキン」と思われている可能性もあります。

30 ふとんや人の体をモミモミするのはなぜ？

寝る前
ふみ ふみ
かわいいなぁ
赤ちゃんのころを思い出してるのかな
ふみ ふみ ふみ
母猫
でも よく見ると
ふみ ふみ ふみ
真顔じゃん
こわっ
赤ちゃんてこんな顔だっけ

ねこのほんね

モミモミはママのお乳を飲んでいたときのしぐさ。赤ちゃん返りしてお乳を飲んでいる気分になってるよ

子猫は母猫のお乳を吸うとき、本能的に前足を動かします。おっぱいを前足でもむことでお乳の出がよくなるからです。**おとなになってからも母猫のおなかのように温かくて柔らかいものにふれると、このモミモミのしぐさが表れる**ことがあります。モミモミしながら、毛布などをチュパチュパと吸う猫もいます。幸せな赤ちゃん猫の気持ちに戻っているのですね。

子猫は3週齢くらいで乳歯が生えはじめ、母猫は授乳時に痛みを感じるようになります。そろそろ固形物を食べられるようになり授乳の必要もなくなりますが、子猫たちはまだお乳を飲みたがります。しばらく我慢していた母猫も、8週齢ごろになると子猫を威嚇して遠ざけます。こうして子猫は離乳するのですが、**早いうちに母猫から離され「母猫に拒まれる」経験をしなかった猫は、おとなになってもモミモミのしぐさをよくする**そう。

甘えん坊の赤ちゃん猫の気持ちを卒業していないのでしょう。

31 人間は「ごはんをくれる都合のいい相手」…？

ごはん〜
スリスリスリ
ごはん
スリスリスリスリ
んも〜……
スリー
スリスリ〜
しょうがないなぁ
ちょっと早いけど…
うまうま
うま
うま
完食。
ぺろ ぺろ
おいしかった？
なで…
ぺろ ぺろ ぺろ
……
ぺんぬ
食前と食後で態度ちがくない？

じつは、**猫が人に体をこすりつけるなどの甘える行動を多く見せるのは食前。食後は激減する**ことがわかっています。猫は人間を利用しているだけ？　と疑いたくなりますが、実際のところはどうなんでしょう。それは猫の歴史を見ればわかります。

猫を含めペットは「家畜」の一種です。家畜とは野生動物を人間の生活に役立つように改良して飼育したもの。猫も確かに家畜なのですが、ほかの家畜と比べるとその成り立ちはずいぶんと異色です。例えば豚は、人が山に生きる猪を捕まえてきて飼い慣らし改良したもの。いっぽう猫は、人間が農作を始めると自ら集落に近づきました。農作物を狙うネズミを捕るためです。ネズミ狩りする猫を人々は重宝し、やがて見た目にもかわいいため食べ物を与えてかわいがり、飼育するように。つまり**猫は人に強制されたのではなく、自ら家畜になった**のです。なぜなら人に守られ、食事を与えられるという大きなメリットがあったから。都合のいい相手だから、そばにいてくれるんですね……。

ねこのほんね

猫がペットになった歴史を考えると、まさにその通り。猫にとって人は都合のいい相手！

32 子猫のきょうだいにも順位があるの？

数年前、実家で子猫が生まれたとき
レタス
こそっ
かわいいねぇ
この子だけ少し体が小さいね？
うまくおっぱいにたどり着けないみたい…
おた おた
……
おた おた
ぎゅん
みぃいいい
気になって目が離せん！
この小さい子がのちのマロである

子猫は一度の出産で4匹前後生まれますが、その大きさや生命力はまちまちです。さらに、**子猫がはじめによい乳首をゲットできるかどうかでその後の成長具合に差が出ます。**

猫の乳首はふつう、胸から腹まで4対（8個）並んでいますが、胸側より腹側の乳首のほうがよく出るのです。そして一度ゲットした乳首はしばらくその子猫専用になります。授乳のたびにきょうだいが乳首をめぐって争っていたのでは体力を消耗し、互いにとってマイナスだからです。専用乳首の目印は子猫が自分でつけたにおい。そのため母猫のおなかを洗ってしまうと自分の乳首がわからなくなり、子猫どうしで争いが起きるといいます。

もともと大きく生まれた子猫はほかの子猫より力も強く、腹側の乳首をゲットしてますます大きくなっていきます。そうして生まれた**きょうだい間の順位は独り立ちするまで変わらない**そう。なかなかシビアな世界ですね。

ねこのほんね

目が開いていない子猫にもすでに順位がある。よい乳首をゲットできるのは強い子猫！

33 寝ているときに体をピクピクさせるのはどうして？

人も猫も睡眠中はレム睡眠とノンレム睡眠をくり返します。**レム睡眠時は脳が活発に動いていて眼球が動いたり体がピクピク動くのが特徴。**体の異常ではないのでご安心を。ちなみに人はレム睡眠時によく夢を見ます。猫も夢を見ているのかもしれませんね。

ねこのほんね

体が寝ていても脳が起きているレム睡眠状態なんだ

34 土下座のような「ごめん寝」ポーズで眠る理由は？

すや すや
あっ かわいい
これがいわゆる「ごめん寝」か
カシャ
ケンカしたとき この画像見せれば
ごめんね
サクラなら許してくれるかもね…！
それはどうかな？
ところで私のアイス勝手に食べたね？

猫の目の光への感受性は人の6倍といわれます。私たちもまぶたを閉じていても光を感じますが、猫はさらにまぶしいのでしょう。日中や電灯の点いている部屋では顔をうずめて寝ていることがあります。前足で目隠しするように眠るのも同じ理由です。

ねこのほんね

明るいなかで眠るとき、こうすればまぶしくないよ

35 帰宅すると猫がかならず玄関に。私の帰りを玄関でずっと待ってる？

猫の聴覚の鋭さはP.13で述べた通り。**帰宅直前、飼い主さんの靴音や車の音が聴こえた**ので玄関に向かったのです。なわばりに入ってくる者を目で確認したいという目的もあります。玄関でひたすらあなたの帰りを待っているわけではないのでご安心を。

ねこのほんね

飼い主さん特有の靴音や車の音を聴きつけたんだよ

36 首をかしげるしぐさをするけど何か考えてるの？

P.31の通り、猫は視力があまりよくありません。マズル（鼻や口部分のでっぱり）もあるため視界の中央下側は死角になってしまいます。そのため、初めて見るふしぎなものは**首をかしげて目の高さを変え、ちがった角度からも確認しようとする**のです。

ねこのほんね

よくわからないものを見たとき確認しようとするしぐさだよ

37 猫は飼い主の声を聴き分けられる？

2年間会っていなかった元飼い主の声を聴き分けたという話があります。あるペットフード会社が行った実験で、元飼い主と他人がそれぞれ猫の名前を呼ぶ声を録音し聴かせたところ、元飼い主の声には明らかに反応したそう。ちょっと感動ですね！

ねこのほんね

耳がいいんだから当然だよ。2年会ってない飼い主の声がわかる猫もいる

38 腰をたたくと喜ぶんだけど…怖いくらい

腰は生殖器を含め神経が集中している敏感な部分。そのため**腰を刺激すると性的快感が得られる**のです。しっぽを立てて震わせたり、よだれを垂らして喜ぶ猫も。しかし敏感なだけに嫌がる猫もいます。すべての猫が喜ぶわけではないことを知っておいて。

ねこのほんね

腰は性感帯。だから喜ぶ猫もいるけど嫌がる猫もいるよ

39 ゴロゴロいわれるとつい甘やかしてしまう

んぐるニャッ
ぐ〜〜ゴロゴロニャッ
はいはい
ごはんですね
カラ
カラ

ちょっと待っててね
ゴロゴロゴロ

ゴロロッ
ニャゴロ

んにゃゴロロぐっ
あぶないよ
甘えられているのに…

にゃあああ
ゴロロロ
ガロ
ガロガロ
なんだか脅迫されてる気分

猫は嬉しいとき、ゴロゴロとのどを鳴らしますよね。これはもともとは、子猫が母猫に満足を伝えるサイン。子猫はお乳を飲みながらゴロゴロとのどを鳴らし、「満足だよ、元気に育ってるよ」と母猫に伝えます。ゴロゴロは、口でお乳を吸いながらも出せる便利な音です。

このゴロゴロ音、使い道はそれだけではありません。いろいろな使い道があるのですが、そのひとつが〝要求〟。イギリスの研究グループの発表によると、**要求のゴロゴロは通常より高い音で、その周波数は人間の赤ちゃんの泣き声と同等。それを聴くと人は「すぐに要求を聞いてあげなくては」という気持ちになる**のだそうです。

猫はゴロゴロいいながら鳴くこともできますが、「高周波のゴロゴロ＋うるさい鳴き声」のコンボで来られると、人間はもう抗えません。猫を飼ったことのない人でも、この「ゴロゴロ+鳴き声」を聞くといてもたってもいられなくなるのだそう。

私たちは猫のゴロゴロで、いいように使われているのです。

ねこのほんね

人間の赤ちゃんの泣き声と同じ周波数のゴロゴロで人にいうことを聞かせてるんだ

40 猫の癒やし効果で寿命がのびるって本当!?

仕事で失敗した
うおおおん
やっちゃったよ
モフモフモフモフ
……
ぐす…
けりけりけりけりけ
優しくしてよ
フク〜
待って〜
ムギ…!!
ボク
モフっても
いいよ!!
ありがとう〜

猫の癒やし効果は、一度でも猫と触れ合ったことのある人なら実感しているはず。これは実際に統計上の数字としても表れています。

アメリカで4千人以上を調べた結果、**猫を飼ったことのある人は一度も飼ったことがない人より心筋梗塞や脳卒中のリスクが約37％低かった**そう。心臓発作や脳卒中にはストレスが関係しており、猫がストレス緩和の役割をはたしているのだと考えられます。また、猫の温かくて柔らかい体をなでると幸せホルモン・オキシトシンが分泌され、精神的にも安定します。以上のような効果の結果、寿命がのびるのだと思われます。

このように猫は多くの癒やし効果をもちますが、メリットがあるのは人のほうばかりではありません。人が飼い猫に話しかけたりなでたりせずに何日も過ごすと、猫がストレスを感じることがわかっています。**つまり信頼関係のある者どうしなら、猫のほうも人と触れ合ったほうが幸せ**ということ。猫をモフモフして互いに癒やし合えたら、これ以上の喜びはありませんね。

ねこのほんね

猫と暮らすとストレスが減って病気のリスクも下がる。いいことづくめだよ！ 感謝してね

モフ モフ モフ モフ

41 飼い主がつい猫優先で行動しちゃうのはなんで？

ねこの
ほんね

「場所は早い者勝ち」は猫の世界のルール。とくに優遇されているとは思わないけど？

猫の世界では、共有場所を使用する権利は基本的に早い者勝ち。たとえ立場の強い猫でも、ほかの猫が先に座っている場所を追い出すことはありません。それが猫界の礼儀なのです。猫のいる家では、猫がイスにいて飼い主さんが座れないという光景もしばしば見られますが、ここで猫をどかしたりしたら礼儀知らずと思われてしまうでしょう。

飼い主が猫優先で行動する理由としておもしろい説があります。トキソプラズマという寄生虫がいるのですが、これに寄生されたネズミはふつう怖がるはずの猫を怖がらなくなります。そうして猫のそばに寄っていって食べられてしまい、寄生虫は最終宿主である猫の体の中にたどりつきます。同じように**この寄生虫に感染している人間は猫に惹きつけられる**というのです。人間が猫をちやほやするのはこの寄生虫がマインドコントロールしているせいなのだとか。猫はトキソプラズマを利用して世界征服を企んでいるのだと主張する人もおり、なかなか興味深いのです。

早い者勝ち

42 オスは女性、メスは男性のほうが好きなの?

ねこの
ほんね

人と猫は別種だけど、フェロモンによって異性の相手により惹かれるのかも？

もちろんケースバイケースですが、異性の飼い主にベッタリの猫は多いよう。理由として考えられるのはフェロモン。猫は性フェロモンを嗅ぎ分けて相手がオスかメスか判別します。もちろん人と猫のフェロモンは異なりますが、共通した成分が含まれている可能性は大。**異性の猫に惹かれるのと同じように、異性の人間に惹かれている**可能性があるのです。

そのいっぽうで、**性別に関わらず猫と相性がいいのは男性より女性という調査結果も。**女性は男性より猫に好かれやすいということは以前からいわれてきましたが、女性のほうも猫に特別な絆を感じていることがわかってきたのです。パートナーの男性よりも飼い猫のほうが自分を理解してくれると感じている女性、パートナーよりも飼い猫といっしょに眠るのが好きな女性が多いのだとか。また、猫をなでたときの脳内の血流を調べると、男性よりも女性のほうが強い喜びを感じていることがわかるそう。

もしかして猫がいれば、パートナーの男性は必要ないのかも……？

43 猫の動画を見続けちゃうのはどうして？

猫の癒やし効果はP.77で述べた通りですが、実物でなく写真や動画でも癒やし効果が得られることがわかっています。2016年発表のアメリカの調査では、人間関係に疲れたときや人間社会で挫折を感じたとき、多くの人が**犬や猫の写真を見つめただけで気分が改善した**という結果が出ました。また、猫の動画を見たあとではポジティブな気分になることもわかったそうです。

さらに、広島大学の研究では、**子犬や子猫の写真を見たあとは集中力が高まる**というデータが出ています。ピンセットで小さなものをつまみ出すという集中力のいる作業の効率が、44%もアップしたそう。かわいい動物は「もっと見たい、よく知りたい」という気持ちを起こさせ、それが集中力につながるのだとか。勉強や仕事のあいまに猫の動画を見ることは、じつはよい息抜き法なのですね。

ちなみに猫はテレビやパソコン上の動くものに反応しますが、これは二次元と三次元の区別が苦手なため。鏡に映る自分にも同じように反応します。

ねこのほんね

猫の癒やし効果は写真や動画でも得られるから。気分をポジティブにして集中力も高めるよ

44 つれない猫の態度…。なのに嫌いになれないのはなぜ？

人と猫の関係は、猫が主導権をもっているそうです。人と猫の触れ合いが成功するのは猫が甘えたいときで、人から触れ合いを求めても成功率は低いそう。さらに猫好きは猫とスキンシップできようができまいが猫が好きだという統計も。猫好きはやっぱり下僕体質？

ねこのほんね

触れ合えるかどうかは猫しだい。それでも好きなのが真の猫好き！

45 猫への愛がつのりすぎて怖いです

猫への愛情は飼育期間とともに増え、2年過ぎると急激に増加することがイギリスの調査でわかりました。2年の理由はさだかではないですが、猫がイタズラ盛りを過ぎて落ち着くなどが考えられます。なのでその愛は、今後もつのるいっぽうかも……。

ねこのほんね

飼い猫への愛情は時間とともに増えるらしいよ

猫好き人間の特徴って?

2010年にアメリカのテキサス大学が中心となって4000人以上を対象に行った大規模な性格テストで、猫好きな人は犬好きの人より内向的でやや神経質という結果が出ました。なんとなく猫そのものの性格と重なりますね。ここからは、人間は自分に似た性質のペットを好むのではないかという推測ができます。

また、アメリカのキャロル大学が学生を対象に行った調査によると、IQは犬好きより猫好きのほうが高かったそう。これは、猫好きはインドア傾向で読書をたくさんすることが関係しているのではといわれています。

ほかに、イギリスのある調査によると、パートナーを裏切って浮気しやすいのは猫好きで、犬好きは浮気の心配が少ないというデータも。前述の大学の調査でも猫好きは犬好きより誠実性が少なく、規則を守らない傾向にあると出ています。気まぐれで移り気なところも、猫に似ちゃってる!?

3章

猫どうしはちょっとフクザツ

46 どうしておしりを嗅ぎたがるの？

ニャッ

ムギ 変質者みたいになってるよ…

親しい猫どうしは鼻と鼻をくっつけて挨拶します。見知ったにおいを確認して「そうそう、このにおい」と安心したり、「あっ、なんかおいしいもの食べた？」と情報を得たりしているのです。鼻の次はおしりを嗅ぎ合います。おしりからは健康状態や発情期の情報を得ることができます。

ただ、おしりを相手に向けるのは無防備な姿勢。そのため立場の強い猫が先に弱い猫のおしりを嗅ぐのが決まりです。**立場の弱い猫が先におしりを嗅いだり、鼻の挨拶なしでいきなりおしりを嗅ぐのはルール違反**なので、怒られてもしかたないのです。

とくにオスは、メスのおしりのにおいを嗅ぎたがります。おしりのにおいには性フェロモンも含まれていて、メスが発情期か否かもわかるので興味津々です。メス猫の排尿中に鼻をつっこんで、オシッコをかぶりながら嗅ぐオスもいるほど……。たとえ去勢している猫でも脳はオスのままなので、メスを追いかけたい気持ちは変わらないのです。

ねこのほんね

おしりのにおいにはたくさん情報が詰まってるから。とくにオスはメスのおしりのにおいが大好き！

47 ウンチを隠そうともしないのはズボラだから？

サクラの実家
プリ プリ プリ
またクロボスが庭でウンチしてる
あとで片づけないと…
散歩から帰った
あらっ
ヒゲオが片づけてる
サッ サッ サッ サッ サッ

「猫は排泄物を隠すもの」ですが、じつは例外もあります。**マーキングのための排泄物は、わざと目立つところやにおいの広がりやすい高い場所に隠さず残しておく**のです。

猫は単独生活者ですが、なわばり（ハンティングエリア／P.19）の一部はほかの猫と重なっています。ウンチマーキングはそんな共有場所で発動されます。「ココ、俺のなわばりだから」とにおいで主張するわけです。**とくにその地域のボス猫はウンチを隠さない**そう。共有場所でもウンチを隠す猫は、ボス猫に遠慮しているのだといわれます。飼い猫が家庭内でウンチを隠さない場合、「俺は飼い主より強いボス猫！」と思っているのかもしれません。

ちなみにウンチはオス猫のほうがくさく、年齢とともに特定のにおい物質が増加。さらに個体によって、においの元となる脂肪酸の組成が異なるそう。そのため猫はウンチを嗅ぐことで相手の性別、おおよその年齢、個体の特定までできるといわれます。

ねこのほんね

ボス猫はあえてウンチを隠さずにおいで自分のなわばりを主張。ウンチも有効活用するよ

俺様が1番

48 相手の頭に頭突きするのは攻撃なの？

頭のてっぺんを相手にくっつけるのは親愛の気持ちを表す挨拶の一種。仲のいい猫どうしはほっぺたや体の側面をこすりつけて互いのにおいを交換しますが、額にもにおいを出す臭腺があります。そこを相手につけているのです。力強く何度も頭突きをする猫は、「好き好き！」の気持ちが抑えられないのでしょう。

ちなみに挨拶のとき、しっぽを立てて自分から近づいていくのは下の立場の猫。**子猫が母猫に甘えて体をこすりつけるように、下の立場の猫はボス猫などに自分から近づいて体をこすりつけます。**上の立場の猫は動かずに相手のこすりつけを受け、母親のように相手のおしりをなめてやることもあります。

人間に対しても、しっぽを立てて近づいてきて頭突きをしたり体をこすりつけてきたりするのは、その人を母猫やボス猫と思っている証拠。後ろ足でピョンと立ち上がって頭をつけてくる猫もいますが、それはなるべくなら相手の頭に自分の頭をつけたいからです。

ねこのほんね

頭突きは「大好き！」を表す猫の挨拶。臭腺のあるおでこを相手につけてにおいを移してるんだ

ムギのニオイがする…

49 優しくなめていた相手に急に咬みつくのはなぜ？

ほかの猫を毛づくろいする「アログルーミング」は、基本的には親愛の印。猫は嫌いな相手には毛づくろいどころか、近づきもしないからです。しかしじつは、複雑な感情が絡んでいることもあるようで……。

イギリスとオランダの大学が室内飼いの猫を対象に行った調査によると、**アログルーミングは強い立場の猫が弱い立場の猫にすることが多かった**そう。そして**35%のケースで、毛づくろいのあと相手に咬みつくなどの攻撃が見られた**とか。

このことから、アログルーミングは相手を攻撃したい気持ちを発散する転位行動（P.43）である場合や、自分の優位性を示す行為である場合もあるのではといわれます。またアログルーミングの際、相手のヒゲを噛み切ってしまう猫も多いよう。これも優位性を示すためでしょうか。多頭飼いの家ではときどき「いつもヒゲが短い猫」が見られますが、強い猫に毛づくろいされているのかもしれませんね。

ねこのほんね

仲はいいから毛づくろいしてあげるけど、「私が上だよ」とわからせてあげないとね

50 同居猫の上に乗っかって寝ています

フクのお気に入り猫ベッド
すやすや
今日はムギが使ってるのね
……
……
のっすり
ぐぇ
ここにも猫ベッドあるんだけどね
……

ねこの
ほんね

仲がいい猫どうしならくっついて寝るのはふつう。でも、上に乗っかるのは強い立場の猫だね

P.79で述べた通り、共有場所における場所取り合戦は基本的に早い者勝ち。たとえボス猫のお気に入りの場所であっても、先に陣取った猫が追い出されることはありません。ボス猫は場所が空くまで待つか、仲のいい猫どうしならいっしょに使うこともあります。猫がかたまって眠る猫団子などがその例です。

また、子猫のときはきょうだいが折り重なって眠るのがふつう。おとなになっても重なって眠るのは珍しいことではありません。ただ、子猫とちがって体重のある成猫が上に乗っかると、下の猫はやはり重いはず。それなのに**気にせず上に乗るのは、立場の強い猫だからでしょう。自分の優位性を示すマウンティングの一種**と考えられます。

ちなみに共有場所ではなくその猫固有のなわばり（ホームテリトリー／P.19）は、ほかの猫の使用を許しません。なわばりの主がいないときにほかの猫が一時的に使うことがあっても、主が帰ってくると去るのがふつう。家庭のなかでも特定の猫だけが使う場所は、その猫固有のホームテリトリーなのでしょう。

51 猫のあいだでクセが伝播している気がする…

最近フクが
ちゃぷ…
前足で水を飲む
ぺちゃ
ぺちゃ
ぺちゃ
びびびびび
ふくの大変なんだよなぁ
数週間後
ぽちゃ
ぺちゃ
ぺちゃ
ぺちゃ
びびびびび
うつった!?
困る!!
2倍ビチョビチョ

P.45でお伝えしたように、**猫はほかの猫がやっていることを見て学ぶことができます。**とくに食べ物を得る、危険なものを避けるなど生死に関わることはよく覚えます。例えば新しい同居猫がよく鳴く猫で「鳴いてねだったらおやつをもらえた」ということがあると、いままであまり鳴くことのなかった先住猫も真似してよく鳴くようになったりします。「前足に水をつけてなめる」のは遊びの一種ですが、ヒマな飼い猫は「アイツなんか変わったことをしている。おもしろいのかな？」という感じで真似するのでしょう。

こうした模倣は血縁関係のある猫どうしで起こることが多いのですが、血縁関係がなくても仲のいい猫どうしなら起こります。さらに**猫以外の動物の行動も真似することがあります。**親のいない子猫が犬に育てられると、オス犬のように後ろ足を片方上げてオシッコをすることがありますし、猫がドアノブに前足をかけて開けるようになるのは、人がドアを開けるのを見て学習しているのだともいわれます。

ねこのほんね

成長のコツは模倣にあり。仲のいい猫のまねっこはもちろん、犬のまねっこをすることもある！

52 隠しておいたものを見つけ出すのは超能力？

猫用おやつ

最近 引き出しも開けるから

ガラッ

こら—

いつもとちがう場所にしまっておこう

あそこならバレないな…

チラッ

……

なんでバレた!?

じぃっ…

隠してあるはずのものを見つけ出すことができる理由は2つ考えられます。ひとつは聴覚の鋭さ。見ていなくても何がどこへ隠されたのか音で知るのです。もうひとつは人の視線。2018年に発表された研究では、**70%の猫が隠された食べ物を人の視線だけで発見できた**そう。人が食べ物の隠し場所を気にしてチラッと見ると、多くの猫はそれだけで「あそこには何かある」と気づくのです。

1匹が気づくとほかの猫にまで伝わるように見えるのは、気づいた猫がその場所をじっと見たり、いつもとちがう行動をとることで、ほかの猫も「何かある」ことを察知するから。人間のように言葉で伝えるわけではありません。

しかしある研究では、**母猫が子猫に持って帰る獲物がマウス（小さいネズミ）だったときとラット（大きいネズミ）だったときでは、母猫が子猫を呼ぶ声が明らかに異なっていた**といいます。もしかしたら解明されていないだけで、猫語はあるのかも……なんて想像をふくらませてしまいます。

ねこのほんね

人が隠し場所を気にして見るとその視線で気づいちゃう。もちろん音も手がかりだよ

ひそ　ひそ　ひそ

53 ケンカをしてもとどめを刺さない理由は？

やんのかコラ
やってやんよ
参りました!!
ボカスカ
ボカスカ
参ったならヨシ
はう はう はう
そんなに落ち込むなって…
10分後
ぐー
すっかり立ち直ってる
のび のび

ケンカの際、地面にうずくまった姿勢でじっと動かないのが猫の「降参」のサイン。そのサインが出たら、勝者はそれ以上攻撃することはありません。**一度勝敗が決まれば猫のあいだで順位が決まり、敗者が勝者に遠慮するようになるので無駄な争いはなくなります。**それ以上相手を傷つけても勝者にたいした利益はなく、逆に自分もケガを負うリスクが上がるため、深追いしないのです。

こうした基本ルールがあるのに猫のケンカが多発するのは、何かほかに原因が考えられます。飼い猫の場合、せまいスペースでの過剰な多頭飼いが原因かもしれません。

猫は本来、単独行動をする動物。ほかの猫とある程度の距離を保てないとストレスを感じてしまいます。キャットタワーなどで空間を縦に利用するのも有効。**多頭飼いの部屋にキャットタワーを置くだけで自由に動けるスペースが増え、猫間の争いが減る**というデータもあります。

ねこのほんね

深追いして自分がケガしたらハイリスク・ローリターン。勝敗が決まればそれでOK!

参りました

54 猫の集会は何のため？

サクラ学生時代
当時は3匹の猫がいた
トイレ…
ん？
ポーー
こ、これは
噂に聞く猫の集会！
うかつに話しかけられない雰囲気…

外で暮らす猫はふだん、仲のいい親族以外の猫とはなるべく出会わないように細心の注意を払っています。もしうっかり出会ってしまっても、知らんぷりをして相手が通り過ぎるのを待つくらいです。そうしたふだんの態度とは裏腹に、複数の猫が一か所に集まることがあります。それがいわゆる、猫の集会。決まって夜間に行われます。

集会の目的はさだかではありませんが、**なわばりが重なる猫どうしが集まって顔ぶれを確認するためとか、何かしらの情報交換、目当ての異性を探すお見合いのような要素もある**といわれています。集会中の猫はたいてい一定の距離を置いてじっと座っているだけなので、これで何かしらの交流ができているのか本当にふしぎです。

家庭の多頭飼いでも、血縁関係の猫どうしでなければほとんどの時間をひとりで過ごすといいます。そのため、ときには集まって、猫の集会を開くのかもしれません。

ねこのほんね

基本は単独行動の猫だけど、ときどき集まって交流してるんだ。目的は猫だけのヒミツだよ

異常なし！

55 猫にも「同居猫ロス」ってあるの？

猫は基本的に単独生活者であり、「寂しい」という感情はないと昔からいわれてきました。「寂しい」という感情があったら独りで生きることなどできないからです。しかし猫は、なわばりの異変には敏感です。毎日いっしょにいた仲間の不在は大きな環境の変化なので、体調や行動に異常をきたす場合もあるようです。

ニュージーランドで行われた調査では、**仲間の死を経験した猫の46％に不適切な排泄（トイレ以外でのそそう）が見られた**そう。そのほかにも頻繁に鳴く（43％）、仲間がよくいた場所を探す（36％）、食べる量が減る（21％）などが見られました。こうしたデータを見ると、猫にも「寂しい」という感情があるのではと思わざるをえません。

群れで暮らす犬は仲間どうしの絆が強く、飼い主や仲間と離れると精神的に不安定になる「分離不安」という症状が知られています。独立心旺盛な猫にはほとんどないといわれてきましたが、最近は増えているようです。子猫気分で甘えん坊の飼い猫が増えているのかもしれません。

ねこのほんね

仲間がいなくなるとオシッコをそそうしちゃったり、仲間を探すような行動が見られるよ

56 猫の世界にもいじめはあるの？

小学生のころ実家で飼ってたキジオ

当時はほかに4匹の猫がいた

体は大きかったのに気が弱くて

こわい

←カマキリ

ほかの猫にいじめられてたから

シャーッ

結局おばあちゃんの部屋からほとんど出てこなかったんだよね

キジオは重たいねぇ

みんな仲良くなれるわけじゃないんだなー…

多頭飼いって難しいねぇ

ボス猫やいじめられ猫は、猫の集団にかならず存在するわけではありません。家庭では飼い主さんがボス猫的立場で、猫たちの関係は並列ということもよくあります。しかし**猫の密度が高くなると混乱を避けるためか、猫間の優劣がはっきり表れ出すといいます。**優劣をはっきりさせておけば、出会うたびに生じる無駄な争いを避けることができるからでしょう。

　集団のなかでどの猫がボス猫やいじめられ猫になるのかは、猫たちの性格や性別、血縁関係、去勢不妊の有無などが関わっています。**体が大きくて力の強いオス猫でも、気が弱いといじめられ猫になることがあります**し、全員が去勢不妊済だとオス猫の攻撃性が鳴りをひそめ、メス猫が優位に立つことも多いそう。本来は無駄な争いを好まないはずの猫が特定の猫をいじめる理由ははっきりしませんが、猫密度が高いうっぷんを晴らしている、飼い主さんの愛情を独占している猫への嫉妬心などが原因だと考えられています。

ねこのほんね

猫密度が高い場合や飼い主さんのえこひいきが原因で特定の猫がいじめられることも

体の大きさ≠気の強さ

57 猫の世界にもボーイズラブはあるの？

友人宅

いらっしゃーい

おじゃましまーす

わー

こちらがソラくんとレオくんだね

かわいいねー

はじめまして

ぺろ ぺろ ぺろ

すごい仲よし！
きょうだい？

きょうだいでもないし
オスどうしなんだけどねー
ラブラブなの

愛の形は
さまざまだねー

野生ではオスの成猫どうしが仲よくすることはありません。メスを奪い合うライバルどうしですから、発情期には激しい闘いをくり広げます。

しかし去勢されたオスの飼い猫は中性化し、いつまでも子猫のきょうだいのように仲がいいケースも多々。カリフォルニア大学教授の研究によると、**去勢されたオス猫の80〜90％がケンカしなくなる**そうです。攻撃性を高めるテストステロン（男性ホルモンの一種）の分泌が去勢によって抑制されるためです。

単なる仲よしではなく、性的な気分が絡んでいるケースもあります。オスがオスに交尾のマウンティングをする例が観察されているのです。本来はメスに向かうはずの衝動が、メスが交尾を許してくれなかったり、そもそもメスがいない環境だったりすると、自分より若くて小柄なオスに向かってしまうことがあるよう。おじさんがうら若き少年に求愛する……猫の世界にはそんなボーイズラブもあるようです。

ねこのほんね

去勢済のオス猫どうしはきょうだいのように仲のよいケースが多々。同性愛のような行動も見られるよ

58 ボス猫なのに食事を譲るのは器が大きいから？

サクラ実家

オ゛アーーン

クロボスがごはん食べにきた

ポリ
ポリ
ポリ
ポリ

すっ…

ポリ
ポリ
ポリ

ポリ
ポリ
ポリ
ポリ

クロボスは…

じっ…

強くて優しいんだねぇ

おとなの猫は基本的に、幼い子猫には甘いのです。成猫がやったら威嚇されるような場面でも、子猫なら威嚇されません。それが最も顕著に表れるのが食事の順番。集団のなかで最初に食事をするのは子猫です。次におとなのメス、最後にオス。オスのなかではボス猫が最初に食べる権利があります。

親がわが子に食事を譲るのはわかりますが、親でもない成猫が子猫に食事を譲るのは利己的な猫らしからぬ気もします。もっとも、集団のなかの猫たちは何かしらの血縁関係があって、自分と血のつながった子孫を守ろうという意識が働くのかもしれません。

ちなみにオス猫は交尾したらしっぱなしで、その後の育児には関わらないというのが定説でしたが、最近では野良猫のオスが育児中のメスを守るような行動や、動物園のヤマネコのオスが育児中のメスの巣へ食糧を運ぶなどの行動が観察されています。**食糧の豊富な環境では、野生では発達しないオス猫の父性本能が目覚めるのかもしれません。**

ねこのほんね

子猫が先にごはんを食べるのが猫社会のルール。おとなのオスは最後に食べるよ

59 猫の恋はメスのハーレム状態なの？

にゃあぁ
ふにゃ〜ん
!!
ニャ〜オ
ニャ〜
ナァ〜〜
ニャ…
ニャ〜ン
早い失恋
だったね…

ねこのほんね

1匹のメスをめぐって複数のオスが恋のバトルをくり広げる。交尾の先にも激しい生殖競争が！

発情期のメスから発せられる性フェロモンは強力で、数百メートル先まで届き、ふだんはその地域にいないオス猫まで呼び寄せるほどだといいます。そうして集まった多くのオスのなかからメスは交尾相手を選択。優秀な遺伝子を残せるシステムになっているのです。

さらに猫の恋のよいところは、ひとりに絞らなくてよいところ。**メスは複数のオスと交尾することで、父親の異なる子どもを同時に産むことができます。**「重複妊娠」と呼ばれるもので、メスにとっては遺伝子のバラエティを増やすメリットがあると考えられます。なんと、5匹のきょうだい猫の父親がすべてちがった例も！　交尾を果たしたあとも、メスの胎内では過酷な精子競争がくり広げられているのかもしれません。

ちなみに猫は、**ぴちぴちの若い個体よりある程度年齢を重ねた個体のほうがモテる**そう。オスは体が大きくなりオス間の争いに勝つ確率が高まりますし、メスは育児経験があるほうが子孫を残せる可能性が高いからです。

やってみよう！

猫とのラブラブ度チェック

START!

猫の名前を呼ぶと

ア あなたの顔を見たり、そばに来たりする

イ 無視。またはしっぽを動かすだけ

夜間、猫の寝場所は

ア あなたのそば

イ 離れた場所

あなたがトイレやお風呂に入ると猫は

ア ついてきたり、ドアを開けようとする

イ とくに何もしない

猫がしっぽを立てて近づいてくることが

ア よくある

イ あまりない

猫があなたの手をなめてくることが

ア ある

イ ない

猫の目をじっと見ると

ア 目をそらす

イ 目をそらさず、近づいてきたりする

いっしょにいられるだけで幸せだから、片想いでもかまわない。
でも、やっぱり気になるあのコのきもち…

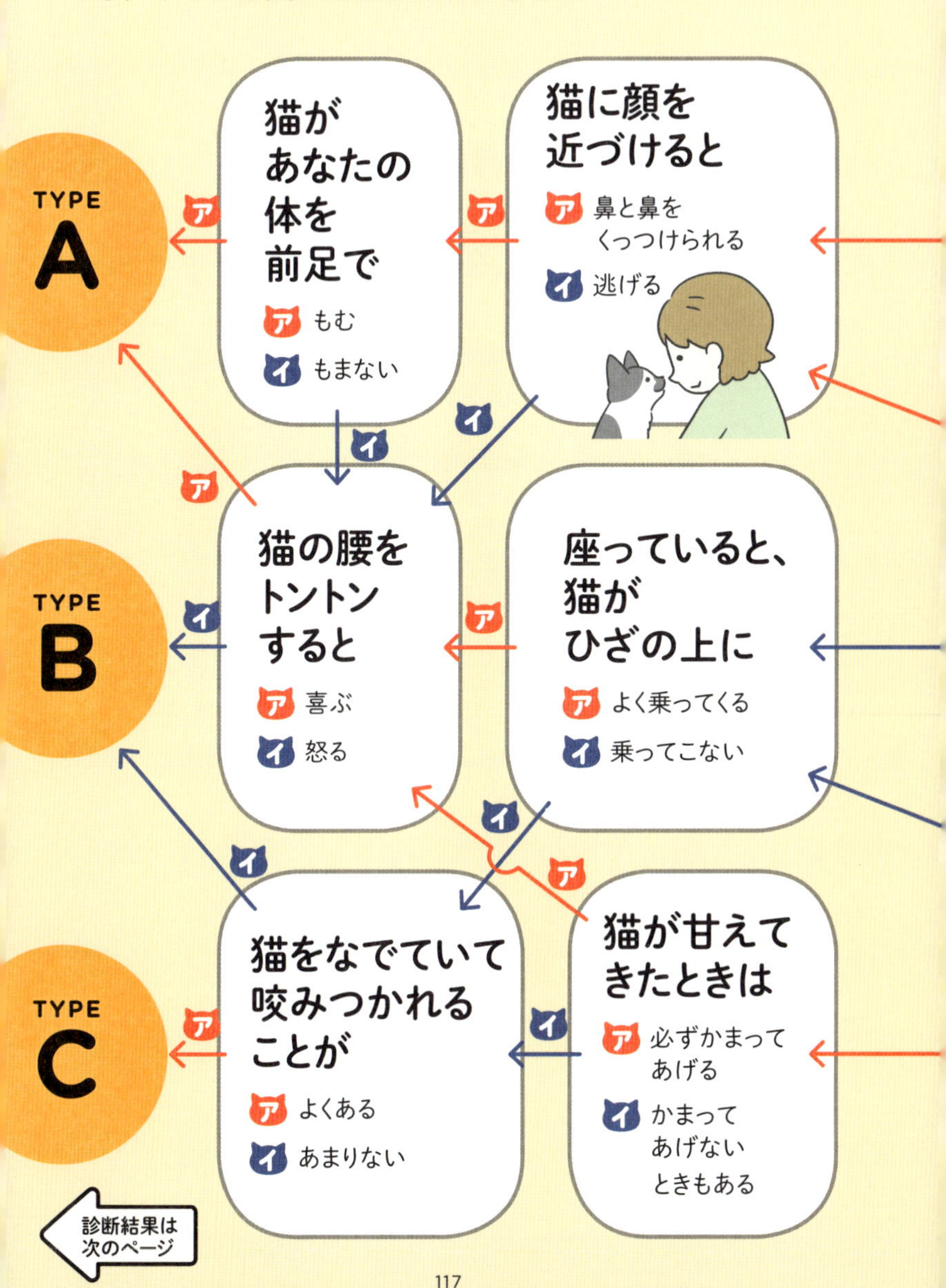

（ ラブラブ度チェック 診断結果 ）

ラブラブ度
100%

相思相愛で幸せで賞

TYPE A

あなたと愛猫はまるで恋人のように熱い関係。強いていえば、あなたにベッタリすぎて猫が分離不安（P.107）にならないかちょっと心配。自分以外にも馴らしておくとより安心です。

ラブラブ度
70%

十分幸せで賞

TYPE B

友達のようにリラックスした関係のあなたと猫。適度な距離感を保ちつつもモフり合える関係は理想的。ときには新しいおもちゃなどで刺激的な時間を過ごすのもおすすめです。

ラブラブ度
40%

片想いがんばりま賞

TYPE C

あなたの想いが空回りして猫に愛情が伝わっていないよう。もしくは、相当警戒心の強い猫なのか……。押すより引く戦法で見守り、猫が甘えてきたときにかまってあげましょう。

4章

嫌がらせしたいわけじゃない

60 掃除したばかりの猫砂にオシッコ！

ザクザクザク
猫砂
よし！キレイになった
さっそく使いまーす!!
ザザザザザザ
……
チョロッ…
完了でーす
ちょびっと
新雪に最初に足跡つけたいタイプかな？キミは…

掃除が終わるやいなやオシッコをするのは、ひとつは汚いトイレが嫌で排泄を我慢していたケースが考えられます。しかし、**ちょろっとしかオシッコが出ないのであれば、それはいわゆるマーキング**です。

とくになわばり意識の強いオスが多頭飼いの家にいると、新しい場所（この場合は砂）とみるとマーキングをしたがります。その際、膀胱の中にオシッコがたくさんあればたくさん出しますし、ちょっとしか残っていなければちょっとしか出しません。**極端な話、オシッコが一滴も出なくても、排尿姿勢だけをとってマーキングしたつもりになる**こともあります。マーキングは本能的な行動なので、マーキングの材料（オシッコ）の有無は関係ないのです。

同じことは爪とぎでも見られます。爪とぎは本能的な行動なので、手術で爪を抜かれた猫でも爪とぎ行動を行います。理屈ではないのです。体が動くのです。

ねこのほんね

排泄はキレイなトイレでしたいし、多頭飼いならなおさら、一番乗りしてマーキングしたいんだ

ボクのトイレ!!

61 トイレ以外で排泄するのは何かの抗議行動？

すっかり遅くなっちゃったね
猫たち待ってるかな
ガチャ
ただいまー…
ええー
ウンチ
遅かったから怒ってるのかな
抗議？
あーちがう
トイレが汚かったからだ
ごめんね

「猫は汚れたトイレは使いたがらない。汚れたトイレを使うくらいならトイレ以外の場所で排泄する」。これは猫の飼育ではよく知られた話です。この真偽をくわしく調べてみた実験があります。いろいろなトイレを用意し、猫の使用率を調べてみたのです。結果は、猫はまっさらのキレイなトイレを最も好み、汚ければ汚いほど嫌がるという予想通りのもので、とくに新しい発見はありませんでした。

しかし意外な発見もありました。例えば、猫の排泄物の代わりに**偽物の排泄物をトイレに置いたところ、本物の排泄物と同じくらい嫌がった**こと。本物の排泄物はにおいますが偽物はにおいません。しかし同じくらい嫌がったということは、猫にとっては**排泄物のにおいはたいした問題ではなく、それよりもブツがあるかどうかが問題**ということ。考えてみれば猫は情報収集のためにわざわざ排泄物を嗅ぎますし、においはさほど不快ではないのかも。それよりも排泄物との物理的接触が嫌なのでしょう。

ねこの
ほんね

人間への嫌がらせが目的で
行動することはない。
単に汚れたトイレは嫌なんだ

そりゃー
嫌だよね…

62 なんでわざわざふとんにオシッコするの？

今日もちょっと遅くなっちゃった
また玄関にウンチされてたりして…
トイレ増やしたし大丈夫なはず！
全部で4つ！
ただいま
ホッ
よかったウンチない
こそ…
こそ…
ん？
こそそそそ
やられてるー！
尿ーー
トイレもそんなに汚れてないのになんで？

ねこのほんね

飼い主大好きの寂しがりやの猫が、飼い主さんの不在中に飼い主さんのにおいを求めた結果かも

飼い主の不在によって精神的に不安定になり問題行動を起こす「分離不安」が猫にも増えていることをP.107でお伝えしました。アメリカで2002年に発表されたデータによると、**分離不安の猫の70％以上に不適切な排尿が見られ、そのうちの75％は飼い主のベッドの上での排尿だった**そう。ふとんにオシッコをするのは、ふとんに残る飼い主のにおいと自分のにおいを混ぜ合わせることで安心感を得ようとしているのかもしれません。

ちなみに猫は、**飼い主と30分離れたあとより4時間離れたあとのほうが、再会時にゴロゴロとのどを鳴らすことが多くなる**のだそう。常時ごはんが食べられる状況で実験をした結果なので、「ごはんちょーだい！」のゴロゴロではなく、飼い主さんとのコミュニケーションを求めてのゴロゴロだと推測されます。猫はクールで独立独歩……そんなイメージがありますが、思った以上に飼い主さんを求めているんですね。

63 トイレ環境は完璧なのに そそうが治らない…

ねこのほんね

トイレに入っているときに何か怖い体験をしたのかも？精神的トラウマが原因のそそうもある

猫は精神的なトラウマからトイレを使わなくなることがあります。例えば**トイレに入っているときに大きな音がして驚くと、「トイレ=怖い場所」と覚えてしまい、避けるようになります。**動物は強烈な体験をすると、その周辺のものをすべて結びつけて考えてしまうことがあるのです。人間も、事件に遭って心身が傷つくと、事件現場に近づくだけで体がすくむようなことがありますね。

病気が原因のそそうもあるので、「そそう=トラウマ」と決めつけるのは危険ですが、ほかに原因が思い当たらないときはトラウマを疑いましょう。トラウマが原因の場合は、元のトイレとは形状の異なるトイレを離れた場所に用意するなどすると治ることがあります。

同様に、**食事のあとにおなかを壊すと、腹痛の原因が食事ではなかったとしてもそのフードを食べなくなることがあります。**猫が原因不明でフードを食べなくなったときは、もしかするとこうしたトラウマが関係しているのかもしれません。

64 獲物を持って帰るのは飼い主へのお礼？

ねこのほんね

狩りができない子猫に狩りを教える母猫の気持ちになってるんだ

母猫は子猫の元へ獲物を運んで狩りを教えます。獲物を子猫の前で食べて見せ「これは食べ物」と教えたり、半殺しの獲物を子猫に与えて仕留め方を教えたりするのです。**飼い主の元に獲物を運ぶのはこの習性の変形で、飼い主を子猫のように思っている**のだとか。ですからこれはメスに多く見られる行動です。自分より大きな人間を子猫に見立てるのはふしぎな気がしますが、**子育ての欲求があるメス猫は、ほかのおとな猫の首の後ろをくわえて子猫のように運ぼうとしたり、獲物を与えたりする**こともあります。多少無理にでも欲求を満たそうとしているのかもしれませんね。

ちなみに海外では、猫の「お持ち帰り」を減らすための首輪が売られています。カラフルな首輪で、猫に着けると鳥やトカゲを持ち帰る率が50％以上減るのだそう。ただしネズミには効かないとか。鳥類や爬虫類はフルカラーの視覚をもちますが、げっ歯類は夜行性で色の識別能力が低いため派手な首輪に気づかないのでしょう。

65 爪とぎ器があるのに家具で爪をとぐのはなぜ？

バリ
バリバリ
バリバリ
あ―――ッ

ほらほらフクちゃん こっちに爪とぎが あるでしょ～
こちら おすすめですよ
……

再開
バリ
バリ
バリ
バリ
そうかー そっちがいいのかー
今のいい顔なんだったの…

ねこのほんね

爪とぎにはいろんな意味がある。マーキングのためにする爪とぎは家具でもやりたい！

爪とぎ行動には本来の「爪を鋭くする」という目的のほかにもいくつかの意味があります。そのひとつがマーキング。**肉球から出る分泌物による嗅覚的なマーキングと、爪とぎ跡という視覚的なマーキング**です。ですから、その家具にマーキングしたい！と思って爪をといでいるなら、爪とぎ器があろうがなかろうが関係ありません。一度マーキングした場所にはくり返しマーキングするので、家具はどんどんボロボロになっていきます。

ほかに、猫はイライラした気持ちや高揚した気持ちを爪とぎで発散したり、寝起きに準備体操代わりに爪とぎすることもあります。

さらに変化球として、**服従的な個体の前で支配の表現として爪とぎをする**ことも。「ほ〜らバリバリしちゃうよ〜♪」と見せつけている感じでしょうか。飼い主さんの前でバリバリするのも、同じく自己アピールなのかもしれません。もしくは、爪とぎしちゃいけないものに爪とぎして飼い主さんが大騒ぎするのをおもしろがっているのかも？

66 爪切りしたら嫌われた！お世話係は損ですね

爪切り

あと1本…

ビババババ

うわ――っ

逃っ

夜になってもまだ怒ってる

フク

フクが俺を頼っている…

なんかずるい

パ

パ

そう言われても…

「嫌なことをされた記憶」はいったいどれくらい残るものでしょうか。答えは**「強烈に嫌な記憶は一生続く」**です。とくに五感が機能しはじめ、まわりの物事を初めて認知する社会化期（2〜7週齢）の体験は強く残るため、例えばこの時期に爪切りで痛い思いをした猫は、その後生涯を通じて爪切りから逃げるようになるでしょう。

　アメリカで行われたある実験では、**猫は犬より記憶力がいい**という結果が出ています。たくさん並べた箱の、どの箱にエサが入っているかをどれくらい覚えていられるかという実験で、犬は5分だったのに対し猫は16時間も覚えていたというのです。脳は犬のほうが大きいのにふしぎですね。

　推測するに、群れで暮らす犬に対して猫は単独生活者。頼りになるのは自分だけなので記憶力が高いのかもしれません。うっかりな犬がいても群れの一員なら生きていけそうですが、うっかりな猫は生きてはいけないのでしょう。慎重かつ執念深い性質は、単独生活者には不可欠なのです。

ねこのほんね

嫌なことをされたら絶対忘れない。野生ではひとりで生きる猫だから、執念深さが必要なんだ

67 肛門を見せてくるのはどういう心理？

朝
こらこらこら
ぺとり…
寝起きが肛門かー…
ムギおはよう
もう起きる？
そういえばよく手にも肛門くっつけてくるな
ぺとり
言ってるそばから…

警戒している相手に背を向ける者はいません。背後を任せるのは信頼している相手です。野生では子猫は家族におしりを向けて眠ります。つまり、**おしりを向けるのは飼い主さんを100%信頼している証拠**です。

また、おしりを向けるだけでなく**肛門をあらわにするのは子猫が母猫に甘える気持ち**。母猫は子猫のおしりをなめて排泄を促しますが、子猫はそのとき「しっぽを立てて肛門をあらわにするポーズ」と、母猫に甘える気持ちをリンクして覚えます。そのため猫は甘えたい相手にはしっぽを立て、肛門をあらわにして近寄ったりすり寄ったりするのです。

人の手や足の上に肛門をペタリとつけてくるのは「飼い主さんのそばにいたい」のと「何かの上に乗っていたい」気持ちのミックス。野生では地べたは虫などでいっぱいですから、少しでも何かの上に乗っているほうが安全に感じます。飼い主さんのそばに静止した手や足があれば、その上に腰を下ろすのも無理はありません。おしりのにおいでマーキングもできて一石二鳥なのです。

ねこのほんね

背後を任せるのは信頼しているから。肛門を見せるのは、母猫に甘える気持ちだよ♡　嬉しいでしょう？

68 助けてあげたのに怒られた…

ねこのほんね

ビックリしたストレスでたまたまそばにいた飼い主さんに八つ当たりしちゃった～

猫には「転嫁性攻撃」というものが見られます。**簡単にいうと八つ当たり**で、例えば猫どうしのケンカの仲裁をしようと間に入った飼い主に咬みつく、雷にビックリしてそばにいた飼い主に咬みつくなど。**怒りのはけ口がたまたまそばにいた飼い主さんに向かってしまう**のです。さらに猫が混乱して「嫌なことが起きたのは飼い主のせい」と思い込み、その後飼い主を嫌うこともあるから困ったもの。これを回避するには、猫がパニック状態になったらそっと姿を消すしかありません。

助けが必要な場合は、猫にバスタオルをかぶせるなどまわりが見えないようにしてから手を出すと攻撃を防げます。猫どうしのケンカはものを落とすなどして大きな音をたて、注意をそらすと効果的です。猫からあらぬ誤解を受けないためには、人間側の工夫が必要なのです。

ちなみに猫に攻撃されたとき、大騒ぎすると猫をますます興奮させてしまいます。痛くてもできるだけじっと我慢するのが正解です。飼い主は辛いのです。

69 大きいほうの食べ物を選ぶ気がするけど?

メキシコで行われた調査によると、**エサの量が異なる2つの皿を用意すると、猫は量が多いほうを選ぶことが多かった**そう。またイタリアやイギリスでは、2枚のパネルに黒い印を複数つけ、印の数が多いほうを選べたらエサがもらえることを覚えさせ実験したところ、やはりちゃんと数が多いほうを選ぶことが多かったとか。これらの結果から**猫は量や数の大小を比べる能力がある**ことが推察されます。

もっとも、2009年に発表されたある実験では体長3㎝ほどの魚に数を数える能力があることがわかったそうですから、魚にできて猫にできないわけはないという気もします。

しかし猫は、数を覚えることはできないよう。なぜなら、母猫が子猫を1匹ずつくわえて古い巣から新しい巣へ引っ越しするとき、母猫は最後の子猫を運び終わったあとも古い巣に戻り、子猫が残っていないか確認するからです。たまに子猫を1匹だけ運び忘れるうっかり者の母猫もおり、このときばかりは猫に数が覚えられたらと思わずにはいられません。

ねこのほんね

どっちの食べ物が大きいか、どっちの量が多いかくらいはパッと見でわかるよ

当然よ

70 朝ごはんの要求。一度でも応えたらクセになる？

早朝
ペーろ
ペーろ
ペーろ
うーん…
じっ…
ごはんの催促だな
ペーーろ
ここで起きたらクセになってしまう
寝たフリ!!
ぐぐーー
ドゥン
ぐふっ
起きたな
ニャー
ニャー
ごはんー
ニャー
負けました…

猫のわがままに応えると「この要求は通る」と覚え、その行動をくり返すようになることはよく知られています。さらに**要求に応えるのが毎回でなくたまにだと、ますます要求が強くなる**ことはご存じでしょうか。「間欠強化」といわれるもので、「要求したらかならず応えてもらえる」状態より、「たまに応えてもらえる」状態のほうがご褒美の価値が上がるため。人間がギャンブルにハマるのもこれと同じです。つまり「たまにはいいか」と起きて朝ごはんをあげると、猫にとって「起こすこと」のギャンブル性が増し、並々ならぬ意欲を燃やすようになるのです。

ちなみに、**犬猫の飼い主の半数以上はペットの妨害で睡眠時間を削られている**そう。思い当たる人、多いのではないでしょうか。いっぽうで、ペットと眠ると睡眠の質が高まると主張する専門家も。眠る前の触れ合いで安心感を得られ、同じ時間に起こされることで規則正しい毎日を送れるとか。睡眠時間が短くても質がよければ問題ない……のか？

ねこのほんね

その通り。毎日要求を聞くより たまにだけ要求を聞くほうが 起こし方が激しくなるよ

71 ごはんに砂かけするのは気に入らないから?

わーい
今日は新しいカリカリだよ
KARI KARI
むーしゃむーしゃ
むーしゃ
くんくん
ポリ…
ポリ…
サッ
サッ
サッ
サッ
もりっ…
サッ
サッ
サッ
気に入らない!?

ねこの
ほんね

「とっておいてあとで食べよう」の場合もあるけど、「まずいからもういらない！」の場合もあるよ

野生猫には食べ残したものはとりあえず土に埋める習性があります。必要以上に獲物が捕れたときや満腹のとき、土に埋めておいてあとで掘り起こして食べるのです。獲物の肉は土に埋めておけば2～3日もつといわれています。これが獲物が捕れなかった日には、貴重な食糧となります。

しかしながら、**味が気に入らなくて食べ残す場合もあります。**このとき埋めるのは「この肉、くさくてまずい！」と思っているから。排泄物に砂をかけるのと同じです（P.23）。獲物の肉は放っておくと腐っていき、雑菌や寄生虫がわいて病気の原因になります。なのでこの行動は結果的になわばりの清潔を保ち、病気を防ぐことにもつながります。

猫は味にうるさいものです。狩りで生きる猫たちも味の選り好みがあり、モグラやスズメは狩っても食べないことが多いよう。口に合わないのでしょう。ですから、とくに新しいフードにカキカキしたときは、「こんなまずいメシ食えるか！」の意味である可能性が大です。

72 口をポカーンと開けるのはくさくて呆然としてるの？

人では退化してしまった嗅覚器官が猫にはあります。鋤鼻器（じょびき）と呼ばれる部分です。主にフェロモンを感じ取るための器官で、口の中、前歯の後ろににおいの取り込み口があります。

なので猫は、**鼻でフェロモンぽいにおいを感じたら、口を開けて鋤鼻器ににおいを取り込みます。このときのしぐさをフレーメン反応といいます。**人間の汗や体臭にも猫のフェロモンに似た成分が含まれているせいか、人の枕カバーや脱いだ靴下に猫がフレーメン反応をすることがあります。

フェロモンというとどうしても性的な連想をしがちですが、フェロモンには警戒をうながす警報フェロモンなどいくつか種類があります。じつは2014年発表の実験で、**人間の男性の脇の下から出るフェロモンは多くの哺乳類にストレスを与える可能性**が示唆されました。男性が一晩身に着けたTシャツをマウスに嗅がせると、ストレス関連ホルモンや体温の上昇、脱糞などの反応が見られたそう。猫も男性のフェロモンにストレスを感じている……？

ねこのほんね

フェロモンぽいにおいを感じたら口の中ににおいを取り込んで鋤鼻器で確認するんだ

靴下も!?

73 立ったまま後ろに飛ばすあのオシッコは何？

くん
くん
しぴー
あっ また
クロボスが
オシッコしてる
あれ くさいのよね～
うちの庭なのに…
すや
すや
すや
あんたたちの
なわばりじゃ
ないの？
爆睡してますけど

ふつうのオシッコは座ってしますが、マーキングのオシッコ（スプレー）は四つ足で立った姿勢で後ろに飛ばします。高い場所にかけるとにおいが広がりやすくなりますし、葉っぱの裏などにつけば雨がふっても洗い流されません。こうしたスプレーをするのはなわばりのフチ、ほかの猫との共有部分。ほかの猫になわばりの主張や性的アピールをしているのです。

おもしろいのは、新しいスプレー跡があってもにおいを嗅ぐだけなのに、**古いスプレー跡には自分もスプレーをして「においの上塗り」をする**こと。「最近アイツは来てないからココは俺のモノ！」という感じでしょうか。

スプレーの頻度は未去勢のオスが最も高く、かつ**未去勢のオスのオシッコに含まれるにおい物質は去勢済の猫の5倍近くあり、一番くさい**ことがわかっています。においい物質の材料はタンパク質。オシッコがくさい→つまりタンパク質が多い→つまり食生活が豊か→つまりこのオスは優秀！　という、メスへの性的アピールになっているようです。

ねこのほんね

マーキング用のくさいオシッコ。噴射するように出ることから「スプレー」と呼ばれるよ

74 猫アレルギーって治ることもあるの？

マリ宅
おいしいプリン買ってきたよー
おじゃましまーす
わあーい
ナイスプリン

あっ リクくん アレルギーとかなかったよね？
うん 大丈夫！ ありがとー

子どものアレルギー増えてるみたいね
チャチャもおやつ食べようね
ネコさんおやつ
うん…だから リクが生まれたとき…

猫アレルギーがないかすごい心配だった…
モフモフ モフ モフ
ねー
両親とも猫好きだもんねぇ

猫を飼っていれば猫アレルギーを軽減することができるかもしれないという研究結果が2015年に発表されました。研究では猫アレルギーで猫を飼っている人、飼っていない人の症状を長期間調査。猫を飼っていないグループは経年とともに症状が重くなったのに対し、猫を飼っているグループは経年とともに症状が軽くなったのです。

アレルゲンに少しずつくり返し接して過敏性を減らしていく治療法を「脱感作療法(だっかんさ)」といいますが、猫を飼っていることそのものがこの脱感作療法にあたるのかもしれません。

また、**生まれたときから家庭にペットがいる子どもは、成長後に猫アレルギーや喘息などのアレルギー症状が出にくい**というデータも。アレルギーになる原因としては「衛生仮説」が知られていますが、これは無菌環境で育てられると免疫系のバランスが整わずアレルギーを発症しやすいというもの。ペットを飼っていると適度に菌のある環境になり、それがのちのちのアレルギーリスクを減らすのかもしれませんね。

ねこのほんね

まだ研究中だけど、猫を飼っていると猫アレルギーが軽減することもあるみたい⁉

75 猫のウンチはなぜ乾燥しているの？

ブィーーーン
ブィーーン
ん
ヒョイ
なんかゴミが…
ドザザザ
ザザザ
ウンチだった
がっちり
掴んでしまった…

猫は水分をなるべく排出しない体のつくりをしています。猫の故郷はアフリカの乾燥地帯のため、貴重な水分を無駄にしないよう、体から排出する水分量を抑えるようにできているのです。だからウンチも、大腸で水分をなるべくたくさん吸収してから排泄。猫のウンチが乾燥気味なのはそのためです。さらにトイレ砂が水分を吸収したウンチはカラカラで、指でつまんでも汚れがつかないほど。逆に汚れがつくような軟らかいウンチは猫にとっては軟便です。

猫のオシッコ臭がきついのも、水分量の少なさが原因のひとつです。なるべく少ない水分に老廃物をぎゅっと凝縮するためくさいのです。しかしこの仕組みのせいで、老廃物を凝縮する役割の腎臓はオーバーワーク気味となり、猫は腎臓病になりやすいというデメリットがあります。

ちなみに猫のウンチがくさいのは肉食だから。タンパク質が悪臭の元なのです。人間も焼肉を食べた翌日はウンチがくさくなります。

ねこのほんね

乾燥地帯出身の猫にとって水分は貴重。だからウンチにも水分はなるべく残さない！

カラリ

76 遊びに全然ノッてこないときがあります

狩りは食糧を得るための行為。そのため、満腹の猫は狩りへの欲求が薄れます。**飼い猫も満腹より空腹のときのほうがよく遊ぶ**ことが実験でわかっています。ですから満腹でまったりモードのときに遊びに誘ってもノッてこないことが多いのです。

ねこのほんね

猫にとって遊びは狩りの代用。狩りモードのときに誘ってね

洗濯物
よし完了！
♪〜
のり…
のり…
ほりほりほりほり
ほりほりほり
またやられた…

77 取り込んだ洗濯物に乗って毛だらけにするのはなぜ？

屋外に干した洗濯物には室内にはないにおいがついています。新鮮なそのにおいに興味津々なのと、自分のにおいをつけるために乗るのでしょう。猫じゃらしなどのおもちゃも屋外に干してから使うと、猫の食いつきがよくなります。

ねこのほんね

見知らぬにおいのチェックとマーキングの結果だよ

78 新聞や雑誌を広げると上に乗ってじゃまするのはどうして？

「読む」という行為は猫には理解できません。**ただじっとしているようにしか見えないので「だったらそばに行こうか」という気持ち**なのでしょう。目を合わせるのは「ヒマなら私をかまってよ」というサイン。じゃましているつもりはないのです。

ねこのほんね

何もしてないなら、かまってほしいの！

79 私がなでた場所をあとから舌でなめてるけど、なでられたくなかったの？

猫にとってベストなのは「自分と飼い主のにおいが適度に混ざったにおい」。なでられた場所をなめることで自分のにおいをつけ足し、においのバランスを調整しているのです。なでられて乱れた毛並みを整えるためでもあります。

ねこのほんね

嫌ならそもそもなでさせない。においと毛並みを整えてるだけ

80 夜中に運動会をするのはなぜ？

猫は本来夜行性。狩りの必要のない飼い猫はエネルギーがあり余っていて、夜になるとテンションが上がり走り回ったりするのでしょう。猫は午前1時までの深夜に排便することが多いというデータもあるため、トイレハイ（P.19）の可能性もあります。

ねこのほんね

夜になると野生モードのスイッチオン。エネルギーが爆発しちゃう！

81 吐くものを紙で受け止めたいのになんで逃げるの？

早食いなどが原因で吐くとき、猫は吐いたものをまた食べます。つまり**自分の食糧を渡したくない**という心理なのかも。あるいは具合が悪いとき、猫はひとりになろうとします。それなのに飼い主さんがそばに来るので警戒して逃げるのかもしれません。

ねこのほんね

これはまだ自分のごはん！だから片づけないで

猫が「気分屋」なワケ

猫が気分屋なのはみなさんよくご存じだと思います。理由は、猫は基本的に単独行動する動物だから。他者がどう感じるかを気にする必要がないので、自分の好きなように行動するのです。

また飼い猫には複数の気分のモードがあり、それが瞬時に入れ替わることでまるでガラリと性格まで変わったように見えることがあります。気分のモードは①野性モード、②ペットモード、③子猫モード、④親猫モードの主に4つ。子猫モードのときは飼い主さんにベタベタに甘えるくせに、野性モードに変わったら急に知らんぷり。さらに夜間や早朝は野性モードが発動しやすかったり、狩りができない雨の日は体力温存のためこんこんと眠り続けるなど、時間帯や天気も猫の気分に影響を与えます。

ちなみに猫好きな人は、猫の「勝手気ままで人に従わない」ところにも魅力を感じるそう。人間社会では叶わない自由奔放さに憧れを感じているようです。

5章

猫ってだけでひとくくりにしないで

82 人懐こい猫とビビリな猫。性格はどうやって決まる？

性格は先天的な性質と後天的な経験によって決まります。先天的な性質とは両親から受け継ぐもので、変わることはありません。後天的な経験とは、「人懐こさ」に関していえば人との触れ合いを経験しているかどうか。とくに社会化期（P.133）に「人間は怖くない」と覚えた猫は、人を怖がらない猫に育ちます。

また**人懐こさに関しては父猫の性質の影響が強い**というデータがあります。人懐こいオスとそうでないオスの子猫をそれぞれ「人との触れ合いあり」と「なし」のグループに分けて育てたところ、人懐こい父をもつ子猫は人との触れ合いがあればとても人懐こくなったのに対し、**人懐こくない父をもつ子猫は人との触れ合いがあってもそれほど人懐こくならなかった**そう。

さらに、人懐こい父をもつ子猫は人との触れ合いがなくてもそこそこの人懐こさを見せたことから、人懐こさに関しては経験よりも性質、それも父猫の性質が大きく関係しているのではないかといわれています。

ねこの
ほんね

生まれもった性質と経験で決まる。人懐こい父親をもつ子猫は人懐こくなりやすいというデータも

83 猫にも利き手ってあるの？

猫にも利き手がある!?

へぇー

「愛猫の利き手の調べ方…」

「ビンの中におやつを入れ、」

「どちらの手で取るか」…

なるほど

ムギの利き手はどっちかな

おやつ!!

ズモッ

手使って！手！

ねこのほんね

オスは左利き、メスは右利きが多いみたい。両利きの猫は怖がりなど、性格との関連も調査されてるよ

2009年に発表されたイギリスの実験で、マグロの切れ端を入れた透明のビンに猫がどちらの手（前足）を入れるかを調べたところ、**オス猫は21匹中19匹が左手を、メス猫は21匹中20匹が右手を最初に使った**そうです。犬もオスは左利き、メスは右利きが多く、人間の場合も女性より男性のほうが左利きが多いそう。男性ホルモンのテストステロンは右脳の発達を促すため、右脳とつながっている左手を使うことが多いのではという仮説が立てられています。

また別の調査では、ケースの中に入れたおやつを取り出すという行為を猫に50回させたうえで、猫を右利き、左利き、両利き（両手を同程度使う）に分け、それぞれの性格を分析。すると**右利きでも左利きでも、利き手が決まっている猫は自信があり愛情深く、活動的で友好的な性格が多かった**とか。反対に両利きの猫は怖がりで神経質な子が多かったそう。脳と利き手には密接な関係があるため、性格にもなんらかの関連が見られるのかもしれませんね。

84 いつまでもママにベッタリのマザコン猫はいる？

昔、親子で実家にすみついた猫たち

よろしゅう

オスの子どもは大きくなってからも

スクスク

お母さんが大好きで

ママ♡

お乳もずっと吸ってたなあ

チュー

チュー

不妊手術したから もうお乳出ないよ…

ムギもたまに指吸ってるけど

チュウ

お母さんのこと思い出してるのかな

チュウ

子猫に歯が生えると、授乳時に痛みを感じるようになった母猫が子猫を威嚇して離乳させる話をしました（P.63）。しかし、例外もあります。**子猫の数が少ないと母猫が感じる痛みが少ないため、いつまでも授乳を拒否しないことがある**のです。

母猫のお乳は出産後2か月ほどで出なくなりますが、甘えん坊の子猫はおしゃぶりのようにお乳を吸い続けます。さらに去勢不妊手術をするといつまでも子猫気分なので、大きな図体でいつまでもお乳を吸っていることも。なかには**母猫が次に出産した新しい子猫に混ざってお乳を吸っている猫もいます。**なんというマザコンぶりでしょう。つまり猫のなかには、許されるならばいつまでもお乳を吸っていたい願望があるということです。

こうしたマザコン猫にオスが多いのかどうかはわかりませんが、想像するにきっとオスが多いような気がします。去勢済のオスは不妊済のメスより甘えん坊といわれますし、「分離不安」（P.107）になる猫もオスのほうが多いそうです。

ねこのほんね

ひとりっこは母猫に甘やかされていつまでも乳離れしないことも。大きな体でママのお乳を吸ってるよ

ママ!!

85 三毛猫はツンデレで気が強いってほんと？

フクー
写真撮らせて
ムシ。
フクー♡
ムシーン
フクちゃーん♡
…フクさんー？
眠いのかな…
翌朝
行ってきまーす
すとととと
ゴロニャンッ
かわいい!!
でもなぜいま！

三毛猫がツンデレといわれるゆえんはメスだからでしょう。三毛猫は基本的にメスしかいません。そして飼い猫のメスはツンデレで気が強いものなのです。

三毛がメスばかりなのは、三毛に必要なオレンジや黒の毛色遺伝子が性染色体Xの上にあるから。オレンジと黒を同時にもつためにはXが2つ必要なため、メス（XX）しか三毛にはなれません。ごくまれにいるオスの三毛は性染色体の異常でXXYなのだといわれています。

さて、**メスがツンデレな理由は、メスのほうが精神的な成熟度が高いから。子育てする性のメスはおとなっぽくなる必要がある**のです。飼い猫は程度の差はあれ子猫気分を残しているものですが、メスの場合、おとな気分と子猫気分の差が激しくツンデレに見えるのでしょう。野良猫のメスだとツンしかないこともあります。また、子育て中のメスは大きな犬も追い返すほどの気の強さをもちます。攻撃に出る速さはオス以上。子育て経験のない飼い猫のメスにも、その気の強さはしっかりあります。

ねこのほんね

三毛に限らず、ツンデレは飼い猫のメスに共通する性格。つまりメスばかりの三毛はみんなツンデレ！

三毛猫
＝
メス
＝
ツンデレ？

86 茶トラってみんなデカくない？

のすのすのすのす

あ、猫

なんか茶トラってみんなデカくない？

あー

そういえばマリの家のチャチャくんも大きいよね

ドーーーン

昔実家にいた茶トラも大きかった！

ドーン

ドーン

そういう体質なのかな？

ねこの
ほんね

茶トラは遺伝的にオスが多いからデカい猫が多い。食いしん坊で甘え上手だから横にも大きい猫も

茶トラにデカい猫が多いのは、茶トラにはオスが多いためです。これは前ページの「三毛はメスばかり」と同じような理屈です。オレンジの毛色遺伝子は性染色体Xの上にあります。XYのオスはXの上にオレンジの遺伝子がひとつあれば茶トラになりますが、XXのメスはオレンジの遺伝子が2つ揃わないと茶トラにならないのです。メスの茶トラの数はオスの茶トラの1/3以下といわれます。

さて、メスよりオスのほうが子どもっぽく甘えん坊が多いことはP.165などでお伝えしていますが、**茶トラにオスが多いということは甘えん坊も多い**ということ。多分、人におやつをねだることも多いのでしょう。飼い猫でも野良猫でも丸々とした茶トラは多いようで、巷では「茶トラ巨大化説」なんていわれています。

ちなみに茶トラや三毛がもつオレンジの毛色はもともと野生には存在せず、その昔トルコ付近で突然変異により発生し、その後アジアを中心に増えたといわれています。ヨーロッパでは現在も比較的少ない毛色です。

87 黒猫が好きです。黒猫特有の性格はある？

ねこのほんね

人とも猫とも仲よくやっていける フレンドリーな黒猫が多くて 都会の暮らしになじみやすいらしい

黒猫は都会に多いというデータがあります。一説では都会には建物が多いため影も多く、影に紛れやすい黒猫は見つかりにくいために暮らしやすいのだとか。危険に遭うことが少ないため警戒心も少なく行動が大胆で、フレンドリーな性格ゆえに猫密度の高い都会でもうまくやっていけるのではないかともいわれています。

毛色と性格の関連はまだまだ未解明の分野で鵜呑みにするのは危険ですが、いっぽうでまったく関係がないとも言い切れません。毛色の元となるメラニンは神経伝達物質であるドーパミンと同じ経路で作られるからです。そのため**メラニンと性格の関連性は人間でも調査されています**。海外の調査では、メラニンが多い黒や茶色の瞳をもつ人は大らかで人当たりがよく、競争心が少ない性格が多いそう。なんだか、黒猫の性格と共通項が多い気がしませんか？　逆に、メラニンの少ない青や緑の瞳の人は内気で慎重な人が多いそう。英語の「Blue-eyed（ブルーアイド）」（青い目をした）には「内気」という意味がありますが、それはこうした背景があるからでしょう。

88 ヒゲ模様やマロ眉模様。ふしぎな柄はどうできる?

子猫時代
マロとヒゲオはきょうだい
マロ
ヒゲオ

どちらも白黒だけど黒の出方がちがう
マロ眉
ヒゲ

もらわれていったきょうだいは前髪みたいな模様だったな
みんな唯一無二かもねー

猫の模様はふしぎだ
実際にいる!
ダンディーー!

猫の毛柄に関わる遺伝子は多数ありますが、そのひとつとして「S（Spot）」があります。これは体の一部を白くする遺伝子で、Sをもっている猫は足先だけ白い靴下柄になったり、ハチワレ柄になったりします。**色は猫が四つ足で立った状態で上側（頭や背中）からソースを垂らすようについていくというルールがある**ため、基本的に背中側に色があっておなか側や足先は白くなります。おなかに色があって背中が白いという逆のパターンはありえません。

この基本ルールはあるものの、それ以外の色の出方は割とランダムで、背中の一部に白い塗り残しがあったり、顔は白いのに口元だけに色が残ってヒゲのような模様ができることも。**まったく同じ遺伝子をもったきょうだい猫でも母猫の胎内環境などによって色の出方が変わるため、唯一無二の個性柄ができる**のです。

クローン技術で誕生させた猫も元の猫とは異なる模様になることがあるのはこのためです。

ねこのほんね

毛色を部分的に白くする遺伝子などの働きで個性的な模様が完成。母猫の胎内環境によっても変化する！

こういう子もいる!!

89 猫のカギしっぽはどうしてできるの?

なでなで
ゴロプス…ゴロプス…
このカギしっぽどうなってるんだ
ちょいちょい
ザッシュ
ああごめん
お父さん、手どうしたの?
別にー
ズーー…

猫のしっぽは本来まっすぐで長いもの。短いしっぽやカギしっぽは遺伝子の突然変異で生まれました。

カギしっぽの猫はもともと東南アジアに多く、日本ではとくに長崎に多いといわれます。長崎の猫のじつに8割がカギしっぽなのだそう。その理由は、**鎖国中の江戸時代に日本で唯一貿易をしていたのが長崎の出島だったから。**当時は積み荷を荒らすネズミを退治するため、船に猫を乗せる習慣がありました。東南アジアで乗せたカギしっぽ猫がいつのまにか長崎に居ついたというわけです。

長崎以外でも日本ではカギしっぽが珍しくありません。それは、**カギしっぽは本来の猫のしっぽではないにも関わらず優性遺伝**だから。加えて、江戸時代の日本では「長いしっぽの猫は猫又（化け猫）になる」という迷信があり、短いしっぽやカギしっぽの猫が好まれて飼われたこともあるようです。

ちなみにカギ部分はさわると痛みを感じることもあるようなので、あまりさわらないで。

ねこのほんね

カギしっぽや短いしっぽは遺伝子の突然変異。優性遺伝だから日本にはカギしっぽが多いんだ

たまにモノがひっかかる

90 ボス猫の顔がデカいのはなぜ？

去勢されず男性ホルモンが出続けたオス猫は、体も顔も大きくなります。**性別によって姿形が異なる性的二形と呼ばれる現象**で、例えば多くの鳥ではオスのほうが派手な色をしています。それはそのほうが生殖に有利になるから。猫は顔も体もデカいほうがほかのオスを圧倒できます。なわばり内のメス猫を独り占めできる可能性が高くなるのです。また男性ホルモンは顔や首、体の皮膚も厚くします。厚い皮膚はケンカした際のケガを防ぎます。つまり**ボス猫は文字通り「面の皮が厚い」**のです。

ちなみに、メスと交尾できるのはボス猫だけかというとそうでもないよう。最終的に相手を選ぶのはメスだからです。猫のケンカでは勝者がその場を立ち去る習性があるため（P.102）、メスのそばでケンカしたあとボス猫が悠々と立ち去っている間に負けた猫がちゃっかりメスと交尾することもあります。また遺伝子のバラエティを増やすためか、メスがふだんは行かない地域に遠征してそこのオスと交尾することもあるようです。

ねこのほんね

男性ホルモンが顔も体も大きくする。デカいほうがオスどうしの争いで勝ってメスをゲットできる！

未去勢

ドーン

91 血統書つきの猫ってプライドが高い…？

DNA研究により**純血種と雑種では特定の遺伝子にちがいがある**ことがわかり、それが性格に影響しているのではと考えられています。人の手で守られてきた純血種とちがい、雑種は人懐こくないと生きていけなかった？なんて想像してしまいます。

ねこのほんね

もちろん個体差があるけど、純血種より雑種のほうが友好的という統計あり

92 白猫はビビりな子が多いって本当？

全身が白の毛色になるのはW（White）という遺伝子の働き。この遺伝子は聴覚器官にも影響を及ぼし、**とくに青い瞳の白猫は60〜80％の率で聴覚障害をもつ**そう。音で周囲の状況を把握できないため、臆病で神経質になりやすいといわれています。

ねこのほんね

青い瞳の白猫は耳が聴こえないことが多いためビビリになるといわれているよ

93 長毛猫はみんなおっとりした性格なの？

確かにペルシャのようにおっとりした長毛もいますが、例えばメインクーンは自然のなかをたくましく生き抜いてきた猫。**長い毛は厳しい寒さをしのぐためのものでダテではありません。**性格も活発で狩りも得意。もちろん長毛の野良猫もいます。

ねこのほんね

長毛＝優雅なイメージ？もちろんワイルドな長毛もいるよ

94 中年のおじさん猫なのに、高くてかわいい声なのは？

性成熟はメスよりオスのほうが遅いのですが、去勢不妊手術は同じくらいの月齢ですることが多いもの。つまり**去勢済のオスは不妊済のメスより幼さを多く残している**といえるでしょう。子猫のような声を出すオスがいてもふしぎはありませんね。

ねこのほんね

個体差が大きいけど、子猫のような鳴き声をもつオスも多いよ

95 長距離を歩いて帰宅する猫。猫に帰巣本能はある？

「この時間、家からなら太陽はあの位置に見えるはず」という感覚と、実際に見える太陽の位置のズレから方角を割り出すという説や、渡り鳥のように磁場によって方角がわかるという説も。しかし迷い猫も多いので信用しすぎは禁物です。

ねこのほんね

太陽の位置や地球の磁場から元の家がわかるという説がある

96 犬と猫って仲よくできるの？

P.84で「人と猫の関係は猫が主導権をもつ」とお伝えしましたが、犬猫の場合も同じよう。犬猫が仲よく暮らしている家庭では**猫が犬を攻撃することはあっても犬が猫を攻撃することは少ない**という共通点があります。犬の我慢強さが必要なようです。

ねこのほんね

猫のわがままを犬が寛容に受け止めてくれるかどうかがカギみたい

97 鳥やハムスターと仲よくできる猫がいるのはなぜ？

本来は獲物となる相手でも、社会化期（P.133）にいっしょに過ごせば仲間と認識して襲わないことがあります。実験で子猫とネズミをいっしょに育てたところ、子猫の全員が成長してもネズミを狩らなかったのです。「じゃあ子猫のときからいっしょに育てれば、小鳥やハムスターとも同居できるのね」と考えるのは早計。猫は動くものを追いかけ飛びかかる本能があるため、たとえ仲間と思っていても遊んでいるつもりで殺してしまうことはありえます。また先の実験の子猫たちも、いっしょに育ったのとは異なる種類のネズミは狩っています。幼少期に過ごした相手と少しでも種類や見た目がちがっている小動物は襲ってしまう確率が高いのです。

ちなみに、猫の狩りの衝動が最も強く引き起こされるのは獲物が自分から逃げるとき。ですからネズミがじっとしていれば無関心で、襲わない猫もいます。逆に「自分から近づいてくるネズミ」はうまく理解できず、猫は怖がったりたじろいだりするそう。**「窮鼠猫を噛む」こともある**のはそのためでしょう。

ねこのほんね

社会化期にいっしょに過ごすと仲間と認識して仲よくすることも。でも、絶対襲わないとはいえないよ

98 デブ猫はダイエットしなきゃダメ？

ねー なんかチャチャが圧をかけてくるんだけど
……
あーいまダイエット中でおなか減ってるんだ

テーブルの上のおやつ3粒だけあげてー
はいよー

ボリ ボリ ボリ

もう ない…
一瞬で食べたね…

ミィ…
おかわり
ミィィィ
人間の忍耐力が試されるなぁ

２０１５年に発表されたデータで、**日本の飼い猫の42%が肥満**と判明しました。「ややぽっちゃり」を含めると56%になるそうで、総じて日本では太った飼い猫が多いようです。

人間と同様、肥満になると健康上のリスクがぐんと上がります。食事を適正量にしてダイエットを行い健康を目指したいものです。そのためには心を鬼にする覚悟も必要ですが、くじけそうな飼い主さんにはちょっとした朗報があります。

アメリカで行われた調査では、**猫はダイエット前よりダイエット後のほうが、飼い主に甘える行動が増えた**そう。多くの猫で、ひざの上に乗る、飼い主のあとをついてくる、のどを鳴らすなどの行動の頻度が上がったといいます。やせたことで活発になったことが理由のひとつでしょう。あるいは、おなかが空いておやつをねだる頻度が増えただけとも考えられますが……。おねだりに屈せず、健康体重を維持したいものですね。

ねこのほんね

肥満猫はダイエットで健康を目指そう。やせられた猫は甘えん坊になるかもよ！

スリムなチャチャ ＞ おデブなチャチャ

甘え度

99 2匹目を迎えると咬みグセがなくなるって本当？

フクを飼いはじめたばかりのときはよく咬まれてたのに
ガブーー!!
いてててて
ムギが来てから
よろしく!!
しょり
しょり
しょり
いつのまにか咬みグセなくなったな
たまに咬むけど…
と見せかけてガブーー
ニャー！
ボカ
ボカ
ボカ
ボカ
ギヌヌヌヌヌヌヌヌヌ
攻撃欲が満たされただけなのか…？

社会化期（P.133）にきょうだい猫と十分遊べなかった猫は、人に咬みつく頻度が高く、かつ強く咬みつく傾向があることがわかっています。自分自身が咬みつかれた経験がないため、咬まれたら痛いということがわからないのです。幼いうちに母猫やきょうだい猫とはぐれ、1匹で人に育てられた猫に咬みグセは多いといえます。

そんな猫の元に同居猫を迎えたら、咬みグセが直ったという話をときどき耳にします。これは社会化期に得られなかった猫どうしの遊びの経験を与えられた結果でしょう。攻撃し反撃された結果、咬んだら痛いということを学習したのです。同居猫を迎えればかならず咬みグセが直るというわけではありませんが、可能性はあります。

こうした学習は猫どうしでしか得られないもの。人間が同じことを教えようとしても、猫のスピードやタイミングに追いつけずうまく教えることができません。**猫は、猫からしか学べないものがある**のです。

ねこのほんね

猫どうしの遊びで「咬んだら痛い」ことがわかると、咬みグセがなくなるケースがあるよ

痛いよ!!

100 野性的な凶暴猫も甘えん坊になれる？

ねこのほんね

山の中で人と接することなく暮らしていた凶暴猫も、甘えん坊の飼い猫になってるよ！

小笠原諸島にいたマイケルくんをご存じでしょうか。山中で人に頼らず暮らしていた猫の1匹で、希少な野鳥を絶滅から守るため捕獲されました。捕獲時はもちろん人に懐いておらず凶暴そのもの。殺処分の案もありましたが、東京都獣医師会の協力で東京に運ばれ、人馴れさせて飼い猫にする計画となりました。**こんな凶暴な猫が本当に人に懐くのか？　そんな心配をよそに、マイケル君は2か月ですっかり馴れ、人（猫？）並み以上の甘えん坊に！**　その後は幸せな飼い猫として暮らしています。

人馴れできるかどうかは2〜7週齢の社会化期に決まるといいます。社会化期に人との触れ合いがなければ、その後一生人馴れはしないというのがセオリー。しかし、マイケルくんの事例はそれが絶対でないことを語ります。ほかに、病気になった猫をつきっきりで看病したら、それ以降甘えん坊になったという話も。ある専門家はこれを「遅れた社会化」と呼んでいます。**猫の性格はおとなになっても変わる**のですね。

マンガ・イラスト　卵山玉子（たまごやま たまこ）

猫好きのマンガ家。愛猫は里親募集で迎えたトンちゃん、シノさん。

著書に『うちの猫がまた変なことしてる。』（KADOKAWA）、

『ネコちゃんのイヌネコ終活塾』（WAVE出版）など。アメブロ公式トップブロガー。

https://ameblo.jp/tamagoyamatamako/

監修　今泉忠明（いまいずみ ただあき）
哺乳動物学者。日本動物科学研究所所長。「ねこの博物館」館長。
『猫はふしぎ』『飼い猫のひみつ』（ともにイースト・プレス）、
『猫語レッスン帖』（大泉書店）、『ざんねんないきもの事典』（高橋書店）、
『わけあって絶滅しました。』（ダイヤモンド社）など著書・監修書多数。

編集・執筆　富田園子（とみた そのこ）
猫好きのライター、編集者。日本動物科学研究所会員。愛猫は元野良猫の６匹。
著書に『ねこ色、ねこ模様。』（ナツメ社）、執筆に『マンガでわかる猫のきもち』
『野良猫の拾い方』（ともに大泉書店）、『ねこ語会話帖』（誠文堂新光社）など多数。

ブックデザイン　千葉慈子（あんバターオフィス）
DTP　ZEST

ねこほん
猫のほんねがわかる本

2019年5月20日発行　第1版
2020年9月10日発行　第1版　第5刷

監修者　今泉忠明
著　者　卵山玉子
発行者　若松和紀
発行所　株式会社 西東社
〒113-0034　東京都文京区湯島2-3-13
http://www.seitosha.co.jp/
営業　03-5800-3120
編集　03-5800-3121〔お問い合わせ用〕

ISBN 978-4-7916-2811-7